U0221238

车站与设计

[日] 赤濑达三 著

杨 莉 译

机械工业出版社

本书提炼了交通设计方面的标识符号系统，构建出交通环境中导向系统的运作规律；并以使用者为中心，从使用者的视角剖析了乘客的体验旅程，对交通系统场景内的出行信息互动做了深度的观察和分析。书中不仅提出了建筑设计意象性与认知难易度的重要观点，还通过作者自己主持设计过的导向标识与空间构成案例，向读者介绍了车站设计的具体思路与方法，探讨当今车站所面临的设计问题，引发读者的思考。

　　本书可作为高等院校建筑设计、交通设计、环境设计、视觉传达设计类专业相关的参考教材，也可作为建筑设计、交通设计、环境设计、标识设计从业人员的参考书，还可作为到日本学习、工作或旅游人员了解日本交通设施及文化的参考书。

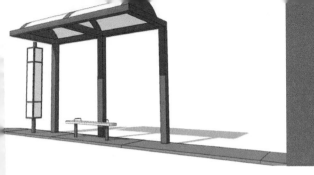

⁺欢迎来到导向标识的世界

在我大学三年级（1968 年）的秋天，受到"大学纷争"的影响，学校停止了上课。第二年年初发生了东大安田讲堂事件，同年夏天，政府强行通过了《关于大学运营的临时措施法案》（即大学立法），该法案可以对纷争学校进行强制限制。周围有不少同学投身了学生运动，而我认为"既然选择了设计，就应该用设计改变世界"。

虽然当时已经拿到了一家汽车公司的接收函，但在目睹了纷争之后，我不想再做汽车造型设计了，我希望能做为人们服务的设计，最终找到了做标识设计的事务所。这就是我开始投身公共设计的契机。

所谓导向标识，是在空间中呈现出来的视觉展示品。好的标识会让设施的使用变得更加顺畅，而糟糕的标识只能增加人们的困惑，使人们变得焦躁不安。

我在 1972 年开始担任营团地铁（现在的东京 Metro）的导向标识设计规划工作。当年首次乘车还只需要 30 日元，但是随着换乘车站逐渐增加，特别是大型车站的增多，大家都不知道该如何换乘，也不知道该如何从地下走到地面，乘客们都不知所措。幸运的是，当时我被委任一个人负责总设计，并且设计成果受到了用户和媒体的欢迎。从 1973 年到营团地铁民营化的 31 年里，我成为了营团地铁导向标识基准的设计者。

之后我陆续主持了其他铁路车站、高速公路、大型复合设施等许多项目，也有幸参加了诸如日本铁道技术协会、交通生态移动财团、运输政策研究机构的多项研究，在自己头脑中整理出来了与导向标识设计相关的各种概念。

2013 年出版的《符号系统规划学——公共空间与符号体系》（鹿岛出版社）就是在此基础上总结的博士论文，书中对日本公共符号的历史进行了展望，并阐明了与规划设计相关的理论。

本书为了便于更多的读者阅读理解使用了大量的图片，并作为图版新书发行。

+本书的构成

说到设计，很多人会想到商品、包装、广告等设计。事实上，本书所涉及的设计并不是售卖形象的商业设计，而是为了解决问题的设计，通常被称之为"公共设计"。虽然在日本很少有人做公共设计，但这是非常重要的设计领域。本书介绍了该领域的设计案例，特别指出了大城市地铁站等车站面临的问题及改善方向。

日本铁路车站的运行以其准确性和安全性闻名于世，因此很多人认为日本的车站设计水平也很高。虽然日本的车站多少有些难懂，但很多人认为不管在哪里都一样。然而当我们访问国外车站时，会惊讶地发现这些车站不仅比日本车站易懂，还很美观。相对而言，日本的车站设计水平是比较低的。

本书分为 6 章。

第 1 章介绍了日本的车站。在过去的 50 多年里，日本很多车站都反复出现了不知道换乘站台和出口该怎么走的混乱局面，且完全没有得到改善。因此，首先必须采取使其易于理解的方法，从"空间构成"和"导向标识"两方面推进设计是紧迫的课题。

第2章主要介绍了我们所参与的车站导向标识规划中的四个主要项目，并介绍了各自的设计思路和手法。

第3章选取了我们所做的车站空间构成规划中的四个主要项目，介绍了各自的设计思路和手法。

第4章介绍了欧洲、美洲和亚洲的车站，特别是在车站设计方法方面具有启发意义的先进事例。

第5章针对日本铁路车站中混乱程度较大的主要车站，从空间构成和导向标识两方面指出问题点，并提出改进方向。

第6章介绍了在车站设计中必不可少的公共设计和整体设计的思考方式，提到了设计的讨论体制，指出了设计构成空间和规划导向标识时应该关注的根本问题。

本书省略了参考文献，必要时请参考《符号系统规划学——公共空间与符号体系》的参考文献。另外，无特别注明的照片及图，是黎设计综合计划研究所收藏的或本人的作品。

希望本书能对思考公共空间的表现有所帮助。

赤濑达三

目 录

前 言

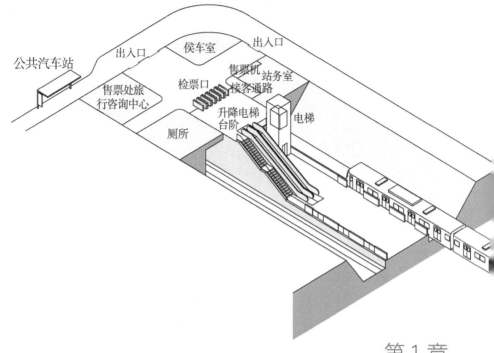

公共汽车站

出入口

候车室

出入口

售票机 站务室

售票处旅
行咨询中心

检票口

接客通路

升降电梯
台阶

电梯

厕所

第 1 章
如何看待车站设计

　　上图引用了日本交通生态·移动基金会出版的《"容易看懂"的交通枢纽标识设计指南》中无障碍车站的构想图。车站整体一目了然、行动路线简短。在本章中，我们将从设计目的谈起，探讨当今车站所面临的设计课题。

1. 设计的目的

⁺ 创造意象力

　　美国城市规划师凯文・林奇（Kevin Lynch）曾在 1960 年出版的《城市意象》中提到："城市风景具有许多功用，其中之一就是让人们看到它，记住它，并从中感到快乐"，城市设计在视觉上赋予了城市其形态，"城市形态的意象力因而被视为城市设计的研究重心"。

　　这个观点在城市规划领域中得到了长期继承发展，即使到今天，"意象力"仍然在世界范围内被广泛认为是城市设计的重要目的之一。

　　何为"意象力"？由于它的存在，更大可能地唤起了所有观察者的强烈印象。这种特质可以解释为"意象力"。比如说，威尼斯、波士顿、曼哈顿等城市的风景不需要思索就能浮现在眼前。这其中也包含了今天我们常提及的"识别性"和"个性"。

　　《城市意象》书中还指出了以下要点："易理解性在城市环境中极为重要。""明了性与易理解性，不仅仅是城市美化的一个重要特性，当我们从空间、时间、复杂性等视点出发，对一个具有城市规模的环境进行构想时，这一点尤为重要。""设计师应该去了解居住者的感受，而不是仅从城市自身进行构想。"

　　"意象力"在语义上被解释为"可生成意象的能力"。所谓"可生成意象的能力"，是指感受深刻的意象不断生成的情况。心理学上认为，人们从外界获取信息采取行动时，会在意识中进行形象与意义的重合，以便进行价值衡量和判断。因此 Kevin Lynch 认为形象与意义之间存在着密切的联系，如果对象难以理解、无法读取其中的意义，也就无法产生令人感受深刻的意象。

车站的设计，与 Kevin Lynch 所描述的城市设计完全一致，都是在创造"可生成意象的能力"，其本质就是让车站具有对使用者来说的"易理解性"。车站作为一个移动空间，虽然购买车票时产生的"易操作性""易使用性"等课题也很重要，但如果我们能认识到所有的行动都是从接收信息开始的，就应该把"易理解性"作为首要课题进行探讨。

⁺ 如何获得舒适的感受

JR 东日本民营化之后随即出版的书中提到，我们要设计出超越单纯的基本功能，充满"个性""文化"和"舒适性"的车站。

书中还提到，荷兰某国有铁路车站开通时，有新闻曾报道"在这里，就算等上三十分钟也很愉悦。从这里坐车出发去旅行真的非常开心快乐"。这种水准的车站可以说真的满足了舒适性的需要，再与前文提到的"意象性"相结合，可以被视为卓越的设计目标。

我认为，要让人们对车站抱有舒畅的感受，必须要满足以下层面的规划。

第一个层面是安全性，包括：防止摔下站台、免受风雨侵袭的设施，无突起障碍的墙面，不易滑倒的地面、明亮的照明、不易与人发生碰撞的空间，有休息的场所及快速的应急措施等。

第二个层面是便捷性，包括：较短的步行距离、可平坦移动、较少的上下移动，路上无障碍物、移动设施很近，可以看到要去的目的地，设施的分布容易理解、视觉引导容易理解、声音引导容易理解，具备厕所和商店等设施，售票机及验票机等易于使用，休息场所充足等。

第三个层面是舒适性，包括：广阔的空间、足够的高度、开阔的视野、宽阔的停留空间、宽敞的休息空间，空间达到视觉平衡，停留空间与移动空间区别分明、安静清洁、空气清新、温湿度合适，能感受到身边的自然照明和绿植、能够远望。

　　第四个层面是高度的满足感，包括：机器操作非常简便、接触部分设计贴心，环境温馨、照明适度、氛围活泼、建筑优美，车站历史悠久、车站与街区的连接布局清晰顺畅，采纳创新技术，有引以为傲的特点等。

　　要打造一个让旅客感到舒适满足的车站，上述第一个到第四个层面的积累必不可少。当车站的设计达到第四个层面时，自然而然就更有可能产生意象力，但这一切不会瞬间发生。例如，若想实现较短的步行距离，必须先从土木建筑的构成着手；若想实现售票机的便捷操作，首先要简化票价制度。所以，若要达到车站的舒适化，必须对车站整体进行构想。

2. 第一要务就是让车站容易理解

上一节中提到日本铁路部门对车站设计的期待，然而事与愿违，在日本大都市的铁路车站中，几乎没有让人们感到舒适的车站。

2000年，在日本民间智库对居住在首都圈的600位20~70岁的男女进行问卷调查中发现，"不清楚应该走什么路线才能到达目的地"（66%）、"不清楚应该买多少钱的车票"（61%）、"不清楚应该去哪个站台坐车"（71%）、"不清楚应该怎样走到出口"（62%）等，在涉及车站的所有活动中，不明事项或者令人难以明白的回答占到了极高的比例（《LDI报告》）。

2004年，在日本官方智库对110位JICA（国际合作机构）的外国研修生进行的问卷调查中发现，"车站入口的位置"（54%）、"该搭乘的路线"（47%）、"该购入的车票种类"（39%）、"到目的地的票价"（42%）、"乘车站台的位置"（39%）、"快车、慢车等车种的区别"（39%）、"有无换乘的必要"（45%）、"在换乘验票口如何验票"（53%）、"换乘站台的位置"（39%）、"公交车、出租车的位置"（39%）等，在涉及车站的所有活动中，不明白的回答占到了很高的比例（运输政策研究机构的《铁道整备等基础调查》）。

不管是日本乘客还是其他国家乘客，在乘车过程的所有涉及判断的事项中，几乎都存在难以理解的状况。即便是如今，在互联网上依然有很多类型的意见。其实从1964年日本铁道网络化开始后，50年来一直持续着这种状况。

日本国土交通省的报告中指出，2010 年日本的铁道使用人数为每天 6200 万人。其中，首都圈、中京圈、近畿圈这三大都市圈就有 5600 万人。保守估计的话，即便这其中只有 20% 的人在车站中感到困惑，那么其人数就已经超过了 1000 万人。每一天都有如此众多的人群在车站中感到不方便、不愉悦，而 50 年过去了仍未得到改善，以正常的眼光来看，这应该算是一个不能忽视的社会问题了。

为了改善这个问题，不少人呼吁增设导向信息。但是仅通过导向信息来试图解决问题的想法，其自身难道不就是错误的吗？车站场地的制约、大型车站中的线路集中化、与商业设施的结合、车站内部的步行距离长短、移动路线的复杂程度、上下层数的多少、由于人流量与空间容量的不平衡而造成的混乱和视野的局限性等，产生不容易理解的原因是多种多样的。

面对这样的状况，毋庸置疑，当前的紧要课题是要利用各种方法对车站进行修整，让车站变得让人更容易理解与使用。

⁺ 确保容易理解的要素

那么，如何做才能让人容易理解呢。首先从我们自身的体验来看，就算是"明白啦"，这其中仍然有三种情况：一是"对状况有所了解而明白"，二是"对意思有所了解而明白"，三是"对事物的条理有所了解而明白"。

第一种的"状况"指的是"事物的状态、总体面貌"。所谓事物的状态，就好比"这里有些什么""那边是什么情况"等。如果把这个问题放到车站，就是在车站上能看到、能听到的整体状态。

第二种的"意思"指的是"形态、语言、颜色等被显示的内容"。例如，看到验票机后，就明白了"这个是为了乘车而检验车票的机器"；看到"丸之内线"的文字后，就明白了"这是丸之内线"。

第三种的"事物的条理"指的是"事物的道理、顺序、程序等"。以车站为例，就是指"先买车票再乘车""先过验票口再去站台"等对顺序的理解。尽管没有任何地方写着这些顺序，但是乘客都知道这些道理，这是铁路设施使用的前提。

为了进一步深入思考"容易理解"的本质，让我们以语言学中的人际交流理论为前提来进行探讨。

俄罗斯出生的语言学家雅各布森（Roman Osipovich Jakobson）在1956年提出了以下理论：语言交流是成立于六个要素之上的，这六个要素分别为"说话者""受话者""信息"、受话者能够理解的"语境"、说话者与听话者之间共通的"代码"，以及在物理和心理上连接两者的"接触"。

时至今日，该理论依然被视作人际交流理论中的基础公论。图1-1中显示了这些要素间的关系。

语言上的人际交流包括了和家人的聊天、朋友同事间的对话、与客户的商谈等，是通过无数语汇进行交换来实现的。此外，即便不与真实的人见面，而

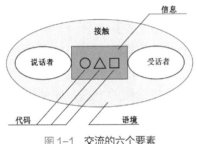

图1-1 交流的六个要素

是通过书籍在作者与读者间、通过媒体在制作人与听众和观众间、通过某种设施在提供者与使用者间的交换，也都被视为人际交流的范畴。

说话者与受话者之间，如果没有任何信息，那交流就不能成立，这是非常容易理解的道理。而Jakobson在此之上又加入了"接触""语境"和"代码"这三个要素，并认为如果没有这些要素的存在，就不能与对方进行沟通。因此，这三个要素也需要被认真地思考对待。

所谓"接触"，是指与你说话的对方站在你的面前、你想要看到的事物就在你身边等，这样才可以形成接触。当过于昏暗而无法看到事物的模样，或因为文字太小而无法读到表示的内容，或由于人太多而无法辨认前方的状况时，物理上的制约就导致了视觉上的接触不成立。因此，前述"对状况有所了解而明白"，是因为"接触"这一要素被成功地捕捉到了。

所谓"代码"，则是信息的核心内容，它是在社会中给予含义的记号。语言就是最具代表性的代码。例如，"丸"这个词语指的是圆

的形状;"电车"这个词语则指的是在轨道上行驶的交通工具。但是这些代码只有在懂日语的人群中才可以行得通。在不懂日语的人群中,词语的意思就无法表达了。除了词语,还要许多通过形状或色彩等来表示的代码,如邮政编码、交通信号等。但是这些代码也同样无法向不懂代码的人传达其含义。因此,前述"对意思有所了解而明白",指的就是"代码"这一要素被成功地解读出来了。

所谓"语境",是指说话者在说话的时候(或通过形态、色彩表示的时候),不是通过语言表达出来,而是在设定好的情景下的一种秩序关系。

即使是普通的对话,也是以在同一个场景的前提下进行对话的。例如,在饭桌上说到"拿一下胡椒"时,不需要指定说"(这个房间的中间的桌子上的)胡椒",由于括号里是共有的场景,即便不指明也能够明白。

但如果这个语境不是大家所共识的,就会变得语焉不详了。好比有些难以读懂的书籍,即便里面使用的文字可以在字典中找到,但如果没有积累性的学习基础,作者所描述的语境也是无法读懂的。

根据谈话的内容,"语境"的内涵可能是场所、事情的顺序、条理(道理)、历史、文化、习惯等,有很多的意义。因此,前述"对事物的条理有所了解而明白",是因为"语境"这一要素被成功地捕捉到了(由此可见,"条理"其实就是一种语境)。

⁺ 让车站容易理解的条件

当我们尝试用人际交流理论来看待车站是否容易理解的问题时,可以把铁道相关部门(规划者、施工建设者、运营管理者)视为"说话者",把所有的使用者视为"受话者"。"这里是售票处""票价是多少""列车是如何运行的"等使用铁路交通的所有必要事项则是被传递出的信息。

"接触"作为人际交流的要素,是能够看到、能够听到的各种条件。因此,不管是车站空间、车站内的设备,还是导引信息,都必须做到能够让旅客看得到、听得到。

"代码"作为另一个人际交流的要素,是要使用大家都能明白的用语或符号。因此，在表示路线选择和服务内容时，一定要让旅客都能明白，最好让全世界的人都能明白。

第三个人际交流的要素"语境"，则是要保证共有的秩序关系。也就是说，在使用铁路交通时，一定要基于大家共同的认识范畴，对场所和传达内容进行告知。

当城市里的铁道站内出现了既长又有很多分岔的道路、重复的上下移动、狭窄看不到前方的空间、占用步行道的商店和自动贩卖机时，对于使用者来说，就是最难读懂的空间语境（场所的构成方式）。

日本的每家铁道公司都有各自的快车、慢车，种类繁多。随着不同线路间直通车的增多，车行方向、快慢车类别、车厢数量等信息都变得更复杂了。对于那些偶尔乘车的人来说，这实在是过于复杂的运行语境（条件）。

搭乘快车时若包含不同铁路公司的服务，每家公司都要另外收取票价，不知道这件事情的乘客就无法理解为什么路程那么短，却要收取加倍的价格，这是怎样的一种票价语境（制度）体系。

作为紧急的课题，我们应该从车站的空间条件、车辆的运行条件、乘车的票价体系等铁道整体的理解开始，从"与使用者共通的语境（秩序关系）"的视点出发，对车站的构筑重新思考。

3. 车站的设计课题

+ 如何看待车站空间

通常在设计车站时必须要考虑使用者、车站空间和设备、建设车站所需要的费用及组织等事项。在此，我们首先聚焦于大都市的交通枢纽型车站，共同思考一下车站的空间。

当人们在交通枢纽站下车后，可能会继续换乘其他线路，或转乘公交车，或走向大街上的办公楼、店铺、娱乐设施等，大家各自向着自己的目的地前进。下班时间车站内还会有很多逆向行进的人流，把车站当作走近道的人数也不少。

日本铁路系统的特点之一就是大多数为民营铁路公司，因此交通枢纽站里会集中着好几家铁路公司。而各家公司对自己所在的区域会以自己的方式进行建设和管理。但是这种方式有其缺陷，因为每家公司都仅仅考虑了自身区域内的使用对象和目视范围。而人们却需要穿过各公司的区域继续换乘，并且把车站当作街道的一部分来使用。

图 1-2a 展示的是只针对各自区域进行规划的思考方式，图 1-2b 展示的是将车站整体统一规划的思考方式。在图 1-2b 中，不仅考虑了乘客在换乘后如何去往下一个车站，还考虑了人们如何从车站走到街道，又如何从街道前往车站，是一种将全体使用者纳入视线范围进行规划的思考方式。无疑，按照图 1-2b 设计的车站会带给人们更加方便的感受。

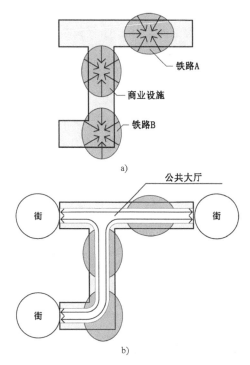

图 1-2　车站规划对象示意

　　下面我们来关注一下车站的使用者。车站的使用者不但有健康的人群，也有身体衰弱的老年人、各种残障人士等，以及许多行动不便的人。从另一个角度来说，那些对车站熟悉的人、对车站不熟悉的人，从世界各地来访的具有不同语言、习惯和文化背景的人们，也是需要关注的。

+ 最初必要的空间构成设计

　　要让车站容易理解，首先重要的是空间构成的设计。

　　车站的空间构成包括车站出入口、验票口外的车站大厅、售票处、验票口内的车站大厅、站台等单位空间（车站大厅，原是指车站中央的大厅，日本车站几乎没有欧美车站那样的中央大厅，但在学习铁路技术时依然习惯用这个称呼）。

空间构成设计是对单位空间的相互连续关系进行整理和规划。单位空间的连续关系可以创造出 Kevin Lynch 所提到的"让使用者感觉明白易懂"，也可以创造出上一节详细论述的"与使用者共通的语境（秩序关系）"。因此，单位空间的连续关系可以说是最重要的规划课题。

在第 4 章中介绍的英国铁路的滑铁卢国际车站，法国国铁的里尔·欧洲车站、里昂·圣埃克苏佩里 TGV 车站、戴高乐机场第二航站楼 TGV 车站，以及图 1-3 所示的丹麦国铁的哥本哈根中央车站，都是在空间构成上努力追求"易理解性"目标的例子。

图 1-3　哥本哈根中央车站

车站作为空间被感知，这个空间由地面、墙壁、窗户、门、天花板、照明、标识（导向表示）、广告等构成。它们统称为空间构成要素。空间正是由这些空间要素组合搭建出其形态的。

这些空间要素的形状、大小、材质、色彩、位置等都需要逐一设计。事实上，如果按照一定的顺序逐项设计，就可以创造出整合好的空间。

每一个车站都需要重视设计概念。这其中既包括适用于所有车站的普遍性的设计概念，也包括不同车站之间各具特色的设计概念。

第一节中提到过的安全性、便捷性、舒适性、高度的满足感等，属于普遍性的设计概念，在任何车站出现无法满足上述要求的问题，都会给乘客带来不便。

但如果想营造出一个超前的空间，或想充分利用地形的特点，或要表现城市的历史和故事，又或者要建造出极致的造型样式时，那就不属于普遍性的设计范畴，而是将车站的主要服务对象设定为使用者了。

⁺ 支持移动的导向标识设计

英语中的 Sign，狭义定义为标识，广义定义则指所有的符号，因此所有能够传达信息的装置都可以视为 Sign。车站设计应该是通过空间构成来创造出各种场景，再通过文字与符号等导向标识来传递票价及运行条件等信息。

但是，由于车站变得越来越复杂，车站的空间结构已经无法通过自身展示出来了，只能由导向标识来担负这个任务。这类问题不仅局限于车站，如今的很多城市设施都会遇到类似状况。

标识中传递的信息包括导向信息、宣传信息、规制信息等。导向信息通常负责传达规则和条件，让车站更容易为人们所理解。车站是人来人往的空间，如果各个标识之间能够相互关联，整体上即能发挥帮助人群移动与使用的效果。这种整体性的标识称为标识系统。

接下来的第 2 章将详细介绍"标识系统"，车站中的导向标识至少需要指示标识、认同标识、图解标识三种类型的标识（图 1-4）。指示标识是指出设施方位的标识。认同标识是确认设施所在位置。例如，指示标识是指出"洗手间在那边"，认同标识是确认"洗手间在这里"。这种指示与认同的对应关系是指向系统的基本构成要素。图解标识是通过图示对位置关系或顺序等进行导引。如在解释地铁线路构成时，用线路图来解释比用语言要容易得多。

图 1-4　港未来线站台标识

标识的三大规划要素分别为"信息内容""表现样式""空间位置"，以确定标识以什么样的内容、什么样的形式、在什么位置表现出来。这三大要素不仅适用于标识，也是新闻、杂志、电视、网络等各种媒体的共同属性。

信息内容的核心就是上一节中介绍过的代码（意思的符号）。在决定使用哪种代码之前，要首先整理出提供何种相关信息、具体的表示项目等。

表现样式包括"方式"和"外观"。如使用液晶显示屏显示车辆信息、用平面标识显示洗手间等都属于方式的范畴。标识的形状和颜色则属于外观的范畴。这里特别需要强调的是，外观仅仅是设计的一部分而已。

标识的空间位置取决于它被设置的位置。设置的准则为：在任何情况下都可以看见。

第 2 章
导向标识

　　这张照片是日本港未来线新高岛站的站台。该车站的建筑设计空间条理清晰，只用少量标识就可以完成导向的作用。本章将采用我们设计过的导向标识，为大家介绍对于设计背景的思考方法。

1. 标识设计的范本——营团地铁

1964 年，伴随着日比谷线通车，银座线银座站与丸之内线西银座站合并为一个车站，此后，开始有乘客抱怨地铁站变得杂乱无章。之后，东西线和千代田线等新路线开始陆续建设，铁路网络快速发展的同时，对换乘车站的梳理却没有跟上。

当时营团地铁（现称为东京 Metro）的标识种类五花八门，数量又庞大，字体大小各有不同，名称与英文标记也千变万化，车站到处充满了未经整理的文字信息（图 2-1）。

当时标识的设置位置也没有标准，乘客根本不知道要看哪里才能找到信息，有些标识还附上了抢眼的广告，站台楼梯对面的挂壁上也挂满了巨幅商业广告，乘客必须在彷徨无助的环境下设法找出自己想要的信息（图 2-2，图 2-3）。

营团的相关主管收到了乘客的无数抱怨，困扰不已，因此下决心找外部专家重新探讨标识设计。

当时我所任职的设计事务所碰巧通过合作的广告代理商接下了这个实验项目，我很幸运地在 1972 年全权负责改善方案的规划设计。

我花了两个月调查文献，不断前往实验地点——大手町站，得到的结论是，标识需要系统化。铁路车站有乘客上车，也有乘客下车，两者所需要的动线信息不同，有必要重新整理。

图 2-1　1972 年当时的大手町车站

图 2-2　1972 年当时的银座车站

图2-3 站台楼梯挂壁上的商业广告

　　使用者想要的信息除了单纯的路线导引外，还必须仔细地说明位置关系。前者只要把用语简化，再加上简单的方向标识，应该就能解决很多问题；但是地铁站很容易让乘客迷失方向，不知道身在何处，又应该如何去下一个目的地，在丧失了位置坐标的空间，必须引进"图"与"表"来满足乘客的需要。

　　将方向标识与图解标识分别套用于下车乘客与上车乘客的动线上，就是"标识系统"，图2-4是我花了5个月的时间进行探讨后提出的标识系统流程。

　　1973年5月，千代田线大手町站为民众换上了新标识，这也是日本第一次出现真正的系统化标识。

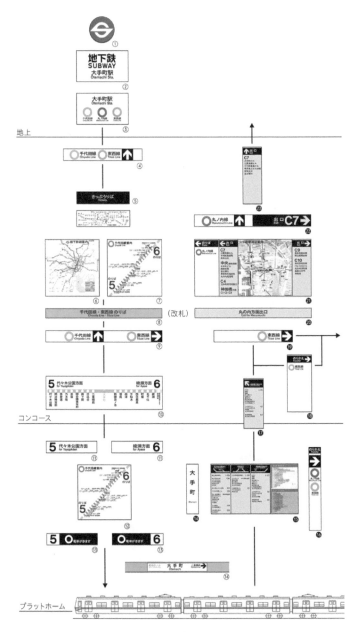

図 2-4 营团地铁标识系统流程

从大手町站实验成功到营团民营化的 31 年里，标识系统持续推广到各个车站，而我一直都是系统的设计与监督人。

东京的地铁站在设计上的致命缺陷，就是乘客很难理解车站的构造。特别是大型车站的过道很长，搞不懂验票口在什么位置，站台会被各种柱子与设备挡住，看不清哪里有可以通往验票层的楼梯。

为了弥补这些缺陷，新的标识系统首先将出口统一设为黄色，入口设为绿色，并在过道上方设置彩色标识，以便乘客在远处就能看到（图 2-5，图 2-6）。

图 2-5　显示检票口位置的绿色标识带

然后根据各路线的规定彩色导入对应色彩的○路线符号，并且把"××线乘车处"和"××线转乘处"简化为"××线"，所有标识的路线名称前都加上"○"符号。例如，丸之内是红色○，千代田线是绿色○等。这样，从远处也能看到指示乘车方向的标识。整理后的车站变得更明亮并富有现代感，非常成功（图 2-7）。

图 2-6　显示从检票口出口到台阶位置的黄色标识带

图 2-7　使用了线路代表色的线路符号

　　最后将图解标识集中设置在特定位置，也就是不常乘车的使用者容易搞错方向的位置，如验票口、站台楼梯，或出口附近有岔路的地方（图2-8）。

图2-8　检票口出口附近图解标识群

　　新导入的标识中包括"地铁全线路图""本线路停车站指引图""周边地区地上地下关联图""景观照"等内容。每类标识尺寸都以 2m 为单位，即便有大量人群，依然可以边走边看边判断。

　　乘车信息类的停车站指引标识，除了设置在检票机附近和站台墙面，通往站台的台阶上方也有设置。为了让乘客能快速阅读理解标识，不在台阶上驻足，特意加大了台阶上方的标识文字尺寸（图 2-9）。

　　与周边地区相关的地上地下指引标识，应该在一张图里将地面街道和地下车站构造描述出来。最近很多相关标识是将周边地图和车站结构图分开表示的，但是对于乘客来说，如果能在一张图里说明的话，就不用在几张地图里进行选择了。

　　图 2-10 是以身体坐标和体感距离为基础绘制而成的。身体坐标就是前后左右的感觉。现场的左右应该和图中的左右一致，才有利于判断。体感距离是指，同样的 5m 距离，远处的 5m 比近处的 5m，现实感觉会弱很多。因此，在描绘地图时也会采用近大远小的规律。

图 2-9　台阶挂壁位置处的停车站指示图

图 2-10　周边地区地上地下关联图（中央部分）

　　需要特别指出的是，在地图标识中使用了景观照。为了提前让地下的乘客确认地面出入口附近的景观，而在出口台阶上设置了这种标识。在无法看到外界的地铁站，这种"坐标回应"的表达方式很受欢迎。但是，由于东京的标志性景观并不多见，景观变化也比较大，只有大手町车站和银座车站保留了这样的标识（图2-11）。

图 2-11　银座车站的景观照片（左侧向内）

为了能让电车上的乘客和下车的乘客都随时看到站台上的换乘标识，在站台上，每间隔15m就会在立柱上有对应的设置（图2-12、图2-13）。

图 2-12　柱上换乘导向标识

图 2-13　1989 年当时的岛式站台全景

日本设计大赛的获奖及变化

　　由于使用者们对该标识设计系统给予了高度的评价，由此又制作了"设计标准指南"，并根据该指南对沿线 160 座车站全部进行了整理。

　　在导入该系统 16 年后的 1989 年，"营团地下铁标识设计"与"索尼随身听""本田卡布""新干线"同时获得了"89 年设计纪念日本设计奖"（同年度获得日本设计奖头奖的是"传真机""横滨市 Urban Design 行政"等四项，本系统在内的其他 12 项获得了其后的设计奖）。

　　该奖由通产省（现在的经产省）主办，旨在表彰对近代日本的产业、生活、文化等各方面带来巨大影响的事物。像这种由各界的专家审查，且如此跨领域大范围的设计奖，可谓是空前绝后。

　　关于营团地下铁标识设计，该奖的报告书中有如下记载：

　　"每天给 550 万地铁使用者带来的便利性无法计算，在各方面都带来了巨大影响。今天，从全国的地铁站到各种各样的公共空间，该系统可以被视为为使用者提供信息服务的范本。最近 JR 东日本导入的新标识体系也是效法了该标识系统。"

　　15 年后（2004 年），营团地铁全面民营化，改名为东京 Metro。此时出现了足以动摇标识系统根基的三个问题。

1）为了表现出机构的改革，将新公司标志中的深蓝色作为导向标识的背景色使用。

2）原来车站周边著名设施与出口位置关系的信息都统一在黄色固定面板中表示，而机构改革后，广告变为主要盈利手段，所以需要采用能够表示更多内容的展示系统。

3）原来在站台的柱子上贴的换乘标识，今后可能会作为广告空间使用，换乘信息需要换到其他位置。

由于东京地铁增设了 13 条线路，线路代表色中会出现深蓝色和浅蓝色，如果标识底色改为深蓝色，已经深入人心的路线标志，就会被民营公司改乱。另外，标出著名地标是为了帮助乘客掌握方向感，不是为了给企业打广告。如此下去，那些便于乘客的规划将失去其效果。

在此节点，我们让出了标识规则设计单位的位置。改版后的标识设计将在第 5 章进行介绍。

2. 与建筑家的合作——港未来线

⁺ 在共通化与个性化中取得共识

　　横滨市是一个对设计非常重视的都市。2004 年开始运营的港未来线，在日本国内获得了极高的评价，被认为是史无前例的魅力之作。其设计团队来自于横滨都市计划局，由太田浩雄等领导的土木工程师所组成。1988 年，横滨市决定了横滨与元町之间的铁路连接计划，次年即开始了土木构造的设计。

　　太田浩雄等设计师认为，横滨作为有名的观光地区，不应该仅仅建造出一条运送旅客的地铁，而应该在车站中展现出周边地区的特征。为了实现这个理念，首次在车站中使用了拱柱、穹顶、挑高等具有优良视野的宽大构造。最终，在建成的车站中，出现了大量让人不由自主抬头仰视的巨大空间。

　　1992 年，虽然港未来线已经开始施工，伊东丰雄、内藤广、早川邦彦等公共建筑领域中颇有成就的建筑家们又被邀请承担各个车站的设计，并成立了负责整体协调的设计委员会。太田浩雄等认为，铁路建筑的固有模式很难将街道与铁路有效地连接起来，同时需要有一个能认同建筑家们崭新理念的机构。当时石井干子与我分别以照明和标识设计专家的身份加入了该委员会。

　　1993—1994 年，设计委员会探讨的主题是"共性与个性"。每个车站既要满足"设计之城·横滨"的高品质，又要明确车站之间需要使用多少共通要素。

特别是现有铁路上经常看到的标识与广告共存的现象，成为建筑家们的众矢之的。现有车站的确存在视觉混乱的问题，我也非常理解建筑家们的想法，他们希望设计出的空间能够保持其独特的美感，不要被自己无法控制的事物破坏掉。

另外，标识系统是给不经常使用铁路的众多用户提供的容易理解的视觉信息。为了让所有人都容易理解，展现的内容要做到众所周知。因此，我们的首要工作就是，找出在多大范围内能够满足建筑家们的要求。

标识设计包括信息的展示位置、产品设计、平面设计三大要素。从用户的角度出发，所有车站应该做到信息展示位置的统一化。平面设计中必须要展示出路线的共通信息及车站的固有信息。同时，产品设计上既要保证整体质感，也要在深化设计中对固定方式给出变化性的提案（图 2-14，图 2-15）。

⁺ 共通化的选择

该标识规划的基本设计完成于 1994—1995 年，之后的深化设计，由于横滨车站地下的高难度工程的影响，于 2000—2002 年完成。

这期间日本社会发生了巨大的变化，也就是所谓的泡沫经济的崩溃。从经济指数上看，日本经济在 1991 年就开始走下坡路了，而真正大范围地感受到经济的危机，则是从 20 世纪 90 年代末大型金融机构相继破产开始，到 2000 年初就职的冰河期。

有许多企业在泡沫经济时代认为"只要绞尽脑汁就能成功"，到处充满狂热的气氛，而此时却消失了，更别说要花大钱了。

与此同时，"无障碍设计"成为快速普及的一种价值观。"无障碍设计"是与经济形势无关的重要课题，但一方面缺少经费，另一方面铁路设施中没有相关设计，所以在之后的应对上，已经无法再去考虑空间的魅力了。

因此，港未来线的标识规划也不得不调整大方针。

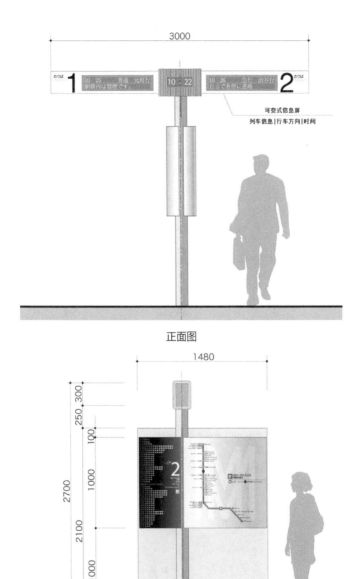

正面图

侧面图

图 2-14 站台上的列车信息表示（基本设计）

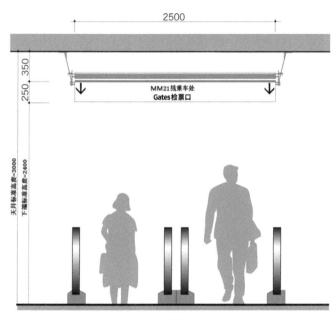

效果图

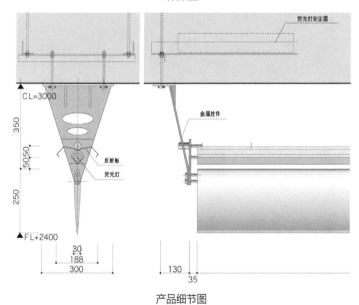

产品细节图

图2-15 外照式指示标识产品式样（基本设计）

首先，从成本的角度出发，无法再使用与建筑材料质感相媲美的标识材料了。为了满足无障碍的要求，无法沿用基本设计中提出的外照明（用间接光映照表示面的方法）产品。这期间，我本人作为专家委员，在横滨市相关的研究会上曾提出，实验证明老年人更适于使用内照明（亚克力箱体的内部放入光源的方式）。

　　基于上述问题，在给各个车站做深化设计时，没有机会深入探讨如何在产品设计中体现每个车站的建筑特点。

　　不得已，我们只能集中精力去设计不同个性化空间中的标识大小和位置。在处理平面表现时，我们根据上述研究中得出的结论，使用了老年人易识别的文字大小。而标识箱体的外形尺寸，也是在确保易识别条件的前提下，使用了必要的最小尺寸。此外，在所有车站，都遵从相同种类的信息在相同位置放置的原则。

　　以下是各建筑师提出的设计概念。元町·中华街站的理念为"车站是一本图书"（伊东丰雄设计事务所）、马车道站则是"新旧交错的城市中，过去与未来的碰撞融合"（内藤广）、港未来站是"巨大的地下隧道空间中乘风破浪的《船只》"（早川邦彦），新高岛站为"灵感取自《大海》与《时尚》，先行构想出城市的未来"（山下昌彦·冈松敦子）。我们在各种意见中，设置了共通式样的标识（图2-16~图2-19）。

图2-16　地图式价格表（元町·中华街站）

图 2-17　出口方向的指示标识（马车道站）

图 2-18　乘车站台方向的指示标识（港未来站）

图 2-19　乘车站台·出口的指示标识（新高岛站）

⁺平面设计特点

　　该标识规划中的平面设计特点，用图 2-20~ 图 2-22 来具体说明。

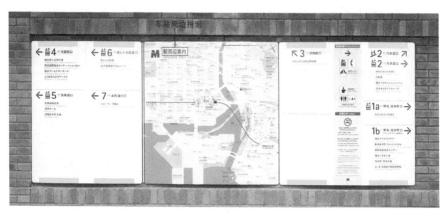

图 2-20　下车类指示图（马车道站）

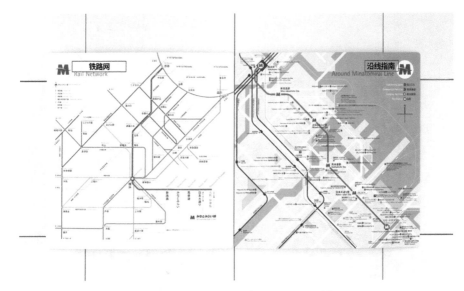

图 2-21　乘车类指示图（元町・中华街站）

图 2-20 设置在马车道车站验票口的出口位置，是给下车乘客使用的导向图。由两侧出口的导向图和中央车站周边地图构成。

自营团地铁导入出口导向图后，已经在日本全国推广开来。1995 年，JIS（日本工业规格）将黄色当作出口的标准色，起到能显眼的作用。每个车站出口都标示出号码，以及用来把握方向的周边主要地标。

车站周边导向图是以车站为中心，表示出方圆 1km 的地图。车站间的距离平均为 800m，因此导向图可以覆盖整个车站的影响圈（使用该车站的城市区域）。沿线经过诸多横滨的观光名胜，而且有许多水域和绿地，蓝色和绿色很能吸引人们的注意力，因此被大量使用在地图中。

图 2-21 为元町・中华街站的乘车用导向图，右侧导向图中，将沿线著名建筑的最近车站表示出来；左侧的线路图是以横滨为中心到东京的地铁路线图。

这两张图中使用的线条，除了水平线、垂直线，还使用了 45°标准的斜线。完形心理学（格式塔心理学，cestalt psychology）认为，人们在看到事物的时候，会捕捉其最简洁的形态，即简洁性法则。如在看到山手线时，会觉得线路形状是个圆形。这些图中的线条形状，是根据上述原理，按照人们的自然知觉规律描绘出来的。沿线导向图中的蓝色和绿色与车站周边导向图中使用的颜色一致，让人们感觉车站周围的环境井然一致。

图 2-22 所示为各车站的站名标识。在设计标识底色及字体时，我们有意地去接近每个车站所特有的氛围。最终，站名标识使用的底色中，既有黑色，也有白色；选用的字体，既有黑体字，也有明朝体（宋体字）。

当人们从车厢内部辨识站台标识时，如果标识的放置位置和间隔不同，会造成一定的识别困难，但字体的不同还不至于造成这种麻烦。以年代久远的巴黎和纽约地铁为例，不同时代使用过各种字体，但并未造成使用上的不便。

日本惯于追求统一，已经到了固执的地步，车站站名标识也不例外。铁路的运营方和乘客们都无法接受不统一的事物。或许建筑家们在指责原本的设计时，也是在指责这种僵化的思想吧。

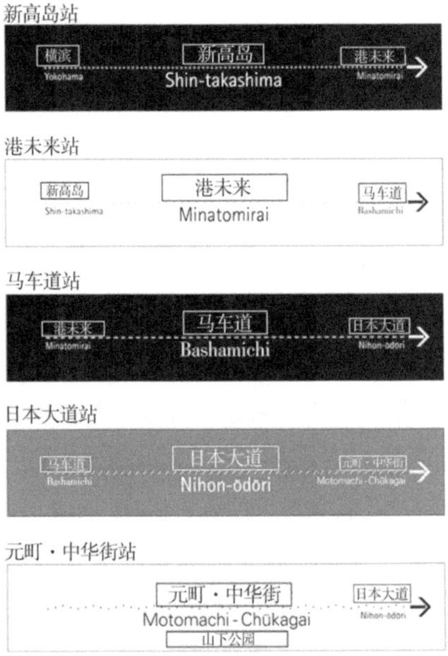

无论如何，这份工作就此完成了。

图 2-22　各个站台表情各异的站名标识

铁路开通后不久，该项目就获得了 2006 年日本土木学会的设计奖。但非常遗憾的是，之后发布的照片中并没有以标识为对象的照片，而是使用了安装标识之前的照片。

铁路车站如果没有安装标识就不能算作竣工，因为人们无法使用没有标识的车站。土木工程的英文是 "civil engineering"，直译就是 "民用工程"。这种领域的设计奖，难道不是更应该从使用者的立场进行评价吗？

3. 新建铁路的形象战略——筑波特快线

⁺ 利用色彩识别建立品牌形象

2005 年开通的筑波特快线（TSUKUBA EXPRESS）在日本运输政策中被规划为第二条常磐线。因为从东京到水户方向的铁路只有一条国铁（通常叫作 JR）常磐线，从 20 世纪 50 年代以来，载客率一直超过 250%，常年拥挤。为了缓和载客压力，国家审议会于 1985 年同意建造一条新铁路，同年也审议通过了港区未来线的建设。

虽然最初曾商议由 JR 来进行新铁路的管理，但最终于 1991 年，由东京都、埼玉县、千叶县、茨城县等沿线自治体出资，设置第三方的首都圈新都市会社，承担新线路的建设和运营。

动工后的 2001 年 2 月，该公司发表了"新线路形象战略"，这条线路的经营策略就是尽量脱离常磐线的既定印象，因此把形象目标定为"进化的铁路·进化的城市"，并推动统一设计规格，持续发布资讯，引进环保技术，根据通用设计理念来规划设施，同时教育员工如何服务乘客。与此同时，该公司还公布了通过征集选出的线路名称"筑波特快线"。

同年 5 月开始，作为专家委员，我参加了该公司与日本铁路建设公团（现称为铁路·运输机构）所成立的设计会议。为了实现形象战略的具体化，会上讨论了标识与通用设计。

我们把标识规划的目标定为"形成品牌识别（BI）"（图 2-23）。如果要宣传"进步的筑波特快线"这个自创形象，就必须创造出独特的视觉诉求要素，并应用到在各种设施与设备上，让人们深刻感受到它与普通铁路的差异。

首先关注到的就是 BI 色彩。色彩识别被用于路线表示图和车体上，让人们感受到这条路线的形象色彩。

当大家开车观察筑波特快线预设的沿线风景时，看到的是辽阔的绿色田园风光。在这般风景下高速行驶的车辆，当然用红色最合适了。这就是 BI 色彩的最初意象。同时，在对相邻铁路的路线色系做调查时发现，东武伊势崎线、东武野田线、JR 常磐线（中距离列车）等为蓝色系，JR 常磐线（各停·快速）、营团千代田线等为绿色系。没有铁路使用红色作为路线代表色。

在调查中，平面设计师提出了深蓝色的 Logo 方案。最终，BI 色彩体系调整为两种代表色，分别为表现筑波特快线的"活力与能量"的代表色红色，和表现铁路系统的"安全性与信赖性"

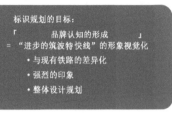

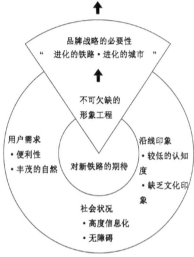

图 2-23　新线形象战略（下）和标识规划的目标（上）

的代表色蓝色（图 2-24）。标识系统也积极地采用该色彩体系，并在出口类的标识中增加 JIS 中指定的标准色黄色，图 2-25 为站台空间的效果图。

图 2-24　2001 年当时的沿线风景和 BI 色彩

图 2-24　2001 年当时的沿线风景和 BI 色彩（续）

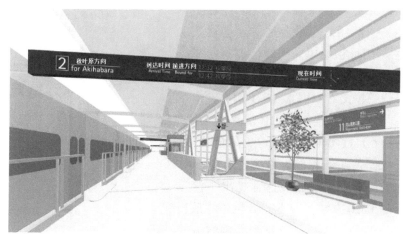

图 2-25　设计会议中展示的站台空间完成效果图

⁺ 形象诉求及无障碍设计

在铁路车站中，沿着乘车方向去寻找标识的话，需要设置车站建筑外墙的车站名称标识、车站出入口的车站名称标识、票价表、车站大厅的乘车引导标识、站台上的线路方向标识等，下车类的标识则包括站台上的车站名称标识、引导出站的楼梯·出口标识、车站大厅中指引检票口的检票口标识和出口标识、从检票口出来后的出口指南标识、车站周边地图等。

在这些标识中，车站名称的背景色使用 BI 色彩体系中的红色（图 2-26 ~ 图 2-28），乘车类的导向标识的背景色使用 BI 色彩体系中的蓝色（图 2-29、图 2-30）。

图 2-26　车站外墙处的站名标识

图 2-27　车站出入口处的站名标识

图 2-28　站台处的站名标识

图 2-29　通道处的乘车位置指引标识

知觉心理学认为，色彩是具有感情作用的。红色让人感到温暖，蓝色使人感到清凉。红色活跃，蓝色安静。红色是血的颜色，给人热情而富有活力的印象。蓝色是大海的颜色，给人深沉、正式、理性的印象，上述观点出自《色彩·形象事典》。

根据上述理论导出了 BI 色彩体系。如果能够从"红色"传递出铁路公司的"积极进取精神"，从"蓝色"传递出设施设备的"稳定可靠的印象"，那就算达到了设计的目的了。

标识平面设计的第一步是站台的车站名称标识。当机车进入车站时，首先映入乘客眼帘的就是这类标识。第一印象是形象建立的关键，所以我们深入探讨了字体、文字大小比率、排版等问题，赋予出站名标识新颖而简洁的感觉。

横滨市营地下铁是日本首次使用车站编号来表示车站名的铁路。2002年举办 FIFA 世界杯赛时导入了这种表示方法。1997 年，我在首尔看到这种表示方法时，感到非常容易理解。陌生的语言，即便用字母来表示，也很难发音正确。而不能发音的对象是难以建立意象的。但这个问题用数字来表示就立即能够解决。所以在该线路中也使用了这种表示方案。

关于文字的大小，在日本国土交通省 2001 年制定的《公共交通机关旅客设施的移动圆滑化整备（无障碍）指南》中有相关标准，在上一节提到的设计会议上被采用。政府于 2000 年颁布法令，推动无障碍空间，设备专家根据该法令修订出这套准则，我也参与了编修任务。

具体来说，就是要满足能够在 10m 之外看清日文文字，字体大小（文字高度）必须有 4cm，大多数老年人都可以看到这么大的文字。英文字母的笔画与形状比较简单，只要 3cm 高就够。筑波特快线为了让民众可以在 20m 之外看见标识，把字体做得更大，定出日文 10cm、英文 6cm 的规范。

从易于理解的信息传递观点来看，该线路采用了划时代的表示方法之一，就是在站台上表示出"一号站台，秋叶原方向"等线路方向与站台编号。同时，在电子显示屏上将该标识与时钟结合在一起，用来表示发车时间与前进方向（图 2-30）。

图 2-30　站台号标识

　　由于不同铁路公司的管理方式不同，通常电子显示屏与线路方向标识会分别表示。但这里将它们整合在了一起。虽然说同类信息整合在一起是理所当然的事情，但由于需要与其他部门进行颇费周折的协调工作，必须要有些干劲才能执行下去。因为该铁路实现了上述整合，站台空间变得井井有条，与发车有关的信息合并为统一信息源，让乘客一目了然。我认为能有这样的结果，应归功于对形象战略展开的讨论。

⁺站内导向与出口导向

　　该线路总长 58.3km，共有 20 座车站。起点站秋叶原站附近多为地下车站，从埼玉县的八潮站至茨城县的筑波站多半为高架式车站（终点筑波站为地下车站）。不管是地下车站，还是高架式车站，都与传统的地面车站有着很大的不同，具有空间大且立体化的特点，如果没有充分的站内和出口导向系统，将很难把握整体空间的方向感。图 2-31 所示为检票位置的出口指引标识。前面介绍过的无障碍指南也是为了让站内和出口导向变得更加有效。

图 2-31　检票位置的出口指引标识

　　站内导向图是展示电梯、洗手间、售票处等位置的平面图。由于出口电梯受到出入口位置的限制，没有什么设置规则，是比较难以推断的。因此在检票口和出入口附近等人群分流位置，需要设置站内导向图（图 2-32）。

　　该站内导向图中使用了日本 JIS 标准化的导向用图形符号。导向用图形符号是将对象用简洁的图形进行表现的方式。例如，用男女来表示洗手间的图形符号已经为大众所熟知。

　　但是图形符号在日本国内使用状况比较混乱，图形与内容的关系也较为混乱。在此背景下，日本国土交通省利用 FIFA 世界杯赛的机会，进行了图形符号标准化的工作，在 2002 年完成了 JIS 标准。本线路在标准化的基础上进行了探讨。

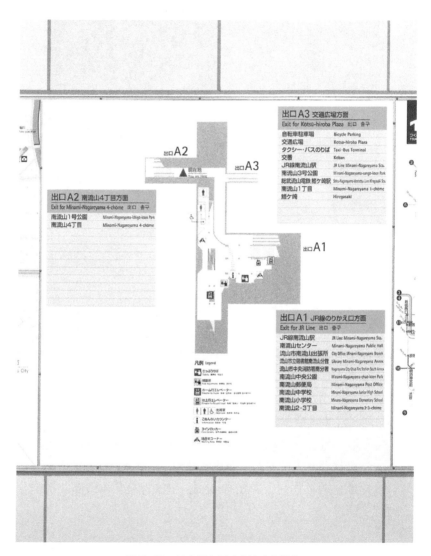

图 2-32　站内导向图（南流山车站）

在出口导向系统中，我们在站内导向图的空白处，对各个车站出入口周边的设施名称、住宅名称、主要道路名称等用目录的形式进行了表示。同时，为了让"车站周边导向图"（图2-33）与"站内导向图"能对比着看，虽然"车站周边导向图"中车站的尺寸很小，却可以明确表现出车站出入口与周边设施的位置关系。

图2-33　车站周边导向图（南流山车站）

    "车站周边导向图"以 1.5km^2 为标准进行描绘。步行速度因人而异，大概为 50~100m/min。以中间值（75m/min）为准的话，该图覆盖了以车站为原点方圆 750m、步行 10min 左右的范围。在东京城市中心地区，则为步行六七分钟的范围。如此广域的地图，就让车站的形状变得很小了。

    "车站周边导向图"与"站内导向图"并列表示时，还需要考虑图的朝向问题。只要两张地图的朝向一致，其对应关系就容易理解，即使一张大一张小也没关系。同时，在表现步行范围的图上，需要考虑第一节中提出的问题，虽然在地理学上有上北下南的习惯，但以身体为坐标的表示方法绝对更容易理解。

    该线路当初曾经定下计划，在开始运营的 20 年后盈利。结果只用了 4 年时间，在 2009 年就达到了目标。正是因为该线路的良好形象让人们希望住在附近，而产生使用动机，所以该项目可以说是获得了成功。

4. 共通标识的诞生——横滨车站

1980 年，营团地铁的理事们在对欧洲地铁的乘客服务做现场调查时，首次了解到德国汉堡采用了共通票价制度。在同一城市中，铁路、公交车、渡轮等全部采用共通票价制度，并统一了全部国有铁路和地铁的导向标识。这种公共交通服务在 1965 年便开始实施，交通方式间不再有障碍，也感觉不到运营方的差别。

1993 年，日本铁道技术协会（JREA）向我征求方案时，我马上想到了汉堡的案例。日本的大型车站，不同铁路之间虽然已经普遍连接上了，但在导向系统中却没有表示出是如何连接的，乘客们觉得非常不便。实际上，在池袋和新宿这样的大型车站中，不同公司都会优先表示本公司的信息，车站的导向标识因为公司的不同而存在着很大的区别。

趁着 1995 年申请 JREA 研究项目时，决定成立舒适化交通推广机构（现称为交通生态环境—移动基金会），从基于老年人与身体残障人员都方便使用的交通设施的观点出发，以横滨车站为范本来探讨导向标识设计。前两节提到的研究会，说的就是这个"善待乘客的导向标识研究会"。

横滨车站有 5 家铁路公司，每天大约要运送 200 万乘客，是真正的大型车站。这里也不例外，每家铁路公司在自己的管辖区域内，都以表现自己公司的信息为主（图 2-34，图 2-35）。但从乘客的角度来看，转乘用检票口等其他信息非常难以找到。在研究会上，我们加入了对其他车站的调查，并特别提出了大型车站需要将共通区域作为整体来进行标识规划的观点。

图 2-34　JR 线以外的检票口方向易识别标识系统（1995 年）

图 2-35　充斥着 JR 营业广告的重要通道（1995 年）

　　横滨市作为研究会的委员之一，对该提议非常关注，委托我和 JREA 来做"横滨交通枢纽站导向标识的基本规划"。横滨市以港未来线的开通为契机，加上之前就有的中央通路，在车站北部和南部铺设了东西向自由通路，并准备铺设连接上述三条大路的南北通路，这是一个大规模的道路整顿项目。

　　我们首先进行了整顿后的交通枢纽站的乘客动线分析。JR 线与京急线在北部和南部通路上新设了检票口。东急线的站台从高架站台上改到了地下五层，与港未来线（MM 线）可以相互连通直达（图 2-36）。

　　进站动线发生在枢纽站西面与东面共 6 个出入口。出站动线与转乘动线发生在 JR 线、京急线、东急 MM 线、相铁线、地铁线等 14 个检票口（图 2-37）。

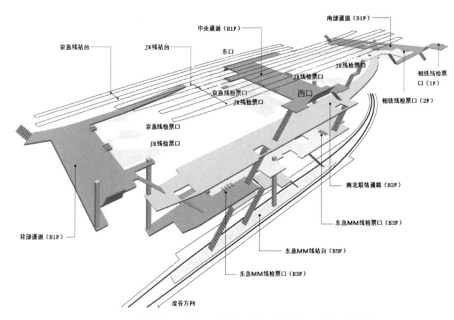

图 2-36　整顿后的空间构成（制作于基本规划阶段，有部分变化）

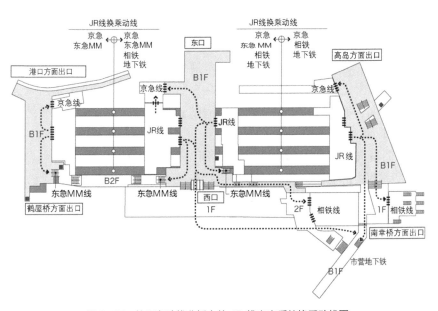

图 2-37　使用者动线分析中从 JR 线出来后的换乘动线图

该规划的关键，就是要让乘客通过标识系统迅速地理解车站的空间结构，所以必须做到能在动线上随时确认哪里有转乘验票口、哪里是车站的出入口。

+ 共通标识系统的提案

首先我们把各铁路公司的管理区域内乘客可以自由通行的公共空间区域划分为"共通（公共）空间"，把检票口及商业设施周边等划分为"特定（局域）空间"。

我们对所有人都可以自由往来的中央通路、南部通路、相铁－地铁联络区、南北联络通路都进行了划分。南北联络通路之外的通路和区域可以通过6个出入口与街道相接，所以很多人也把它们当作人行道来使用。

在共通空间中，设置行人们都需要的"共通标识"；在特定空间中，设置使用该设施的人们所需要的"特定标识"。本规划的对象为前者，而售票处和验票口等区域标识则由各公司自行判断设置（图2-38）。

共通标识系统包括指示设施方向的方向标识（D标识）、表示设施位置关系的地图（M标识）。D标识又包括进站类（各铁路检票口的方向指示）标识、出站类（各站出入口的方向指示）标识、普通类（电梯及问询处的方向指示）标识。在共通空间设置的M标识包括原有的站内导向图和车站周边导向图，并加设了换乘路径导向图。

为了传递简洁的信息，还需要统一用语。之前由于各公司自行定义用语，造成车站内同类设施的名称不尽相同。我们将这些用语及其英文表示都进行了整理，统一了名称。由于表示空间有限，限定用日语、国际通用的英语、图形符号进行表示。

为了保证能在行走过程中看到D标识，将此类标识设置在与动线相交的方向（可对视的方向），从天花板悬挂下来。大小统一定为纵向50cm、横向3~6m等几种类型。M标识纵向为150cm，横向并排排列，从地图中心到地面为135cm，这样不论是行人还是坐在轮椅上的身体残障人员都能很容易看见。

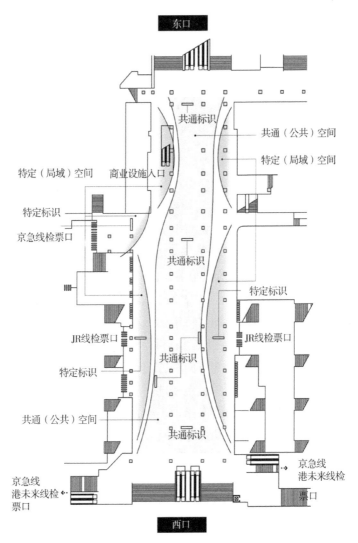

东口

共通标识

共通（公共）空间

特定（局域）空间

特定（局域）空间　商业设施入口

特定标识

京急线检票口

共通标识

特定标识

JR线检票口　JR线检票口

特定标识

共通标识

共通（公共）空间

共通标识

京急线
港未来线检
票口

京急线
港未来线检
票口

西口

图 2-38　共通标识系统图

　　进站类标识的背景色设定为深蓝色，出站类为黄色，其他类型标识为白色或灰色。当背景色为深蓝色或灰色时，文字颜色为白色；背景色为黄色或白色时，文字颜色为黑色。出站类的黄底黑字遵循了日本 JIS 规定的出口明示色标准（图 2-39、图 2-40）。

图 2-39　2008 年竣工的重要通道的 D 标识

图 2-40　2004 年竣工的北部通道的 M 标识

（2006 年增加了换乘通道指南图）

D 标识的文字高度是基于人流密度来考虑的，汉字定为 12cm，英文为 9cm，比普通标识中的文字更大些(图 2-41)。英文字体采用简洁的 Rotis 字体。通常情况下日文与英文成对表示，而这里为了节省排版空间，日文行与英文行分别处理。即便如此，也不会产生任何理解问题。信息的表示顺序、箭头的使用方法等排版方式遵循 ISO 技术报告的推荐方法（图 2-42 ）。

图 2-41　即便人群混杂也容易看清的平面设计

图 2-42　基于 ISO 技术报告的方向指示排版

⁺乘客视线的改进

虽然整个车站施工计划难度非常高，工程进展缓慢，转换期间缺乏配套造成很大混乱；但是，我们也在改进的过程中注意到了乘客的视点，获得了良好的改进效果。

2004年2月，东急东横线由地上转为地下，港未来线开通后，北部通路、南部通路、南北联络通路开始使用。此后横滨市政府就陆续收到了"横滨车站变得很难搞懂""出口位置搞不懂"等批评意见。

东急线原来的高架站台转到了地下五层，原本的中央通路扩展成了东西向3条通路、南北向1条通路，难以理解是理所当然的。再加上2001年重新开始探讨的共通标识，先设置在北部通路和南北联络通路上，但中央通路还挂着的是旧式标识，不免造成理解混乱。而中央通路的标识直到2008年才全部更新完毕。

以下是根据乘客经验进行改进的项目。

1）出站类D标识中，增加百货公司等大型商业设施的名称。

2）缩小站内导向图与车站周边导向图的涵盖范围，放大版面，加大字体，并将线条简单化。

3）车站出入口增加从电梯通往站台的导向图。

4）M标识增加转乘路线导向图。

从问卷调查结果可知，80%以上的人群将西出口认同为"高岛屋百货公司"，将东出口认同为"SOGO百货公司"。商业设施名称的认知度明显比出入口名称的认知度高得多。另一个再次确认的结果是站内导向图和车站周边导向图的设计，与其正确地绘制地图形状，不如用简洁的方式表现更容易让人理解。

这个车站还有一个问题，有些检票口进站后没有电梯可以马上使用。为了指导乘客绕远也能找到电梯，我们在车站出入口设置了"电梯路线导向图"（图2-43）。在设计"转乘路线导向图"时，我们不仅绘制了平面图，也绘制了指示如何走到目的地的立体图（图2-44）。

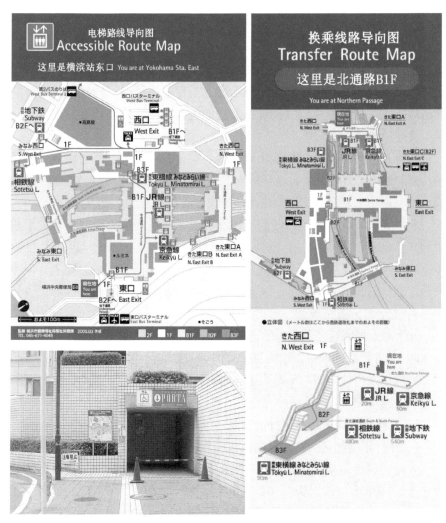

图 2-43 电梯路线导向图的平面设计（上）和现
　　　　场周边（下）

图 2-44 换乘线路导向图的平面设计

　　伴随着中央通路中的南部通路部分的完工，该项目经过了 15 年的岁月，终于大功告成了。政府担任行政监督工作，铁路公司彼此分摊成本，在横滨车站创造出日本第一个共通标识系统。

至于这个系统能不能推广到全日本，就要看各地民众对公共交通的看法了。

⁺ 德国汉堡的导向标识

关于本节开篇时提到的德国汉堡运输联盟（HVV）的导向标识，资料显示如下：

1972年发表的"汉堡电车网的乘客导向系统表示方式"（图2-45）中，对国有铁路与地铁共通使用的标识种类和设置场所进行了整理。

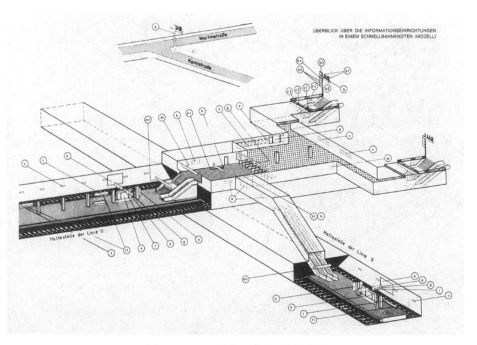

图2-45　HVV标识系统的配置基准图

国有铁路车站入口使用 S 标识符号，地铁车站入口使用 U 标识符号（图2-46）。转乘车站除了相互指示出设施方向，还同时表示国有铁路和地铁的时刻表，并将双方的线路以网状形态统一表现。

这种不同运营方一起协作的方式，在如今的德国全境已经扩展开来。

图 2-46　国有铁路车站入口标识符号 S 和地铁车站入口标识符号 U

第 3 章
空间构成

　　上图是东京地铁千代田线国会议事堂车站的 5 号出口的楼梯平台。由于该站占地较多，内部空间比较宽阔。我将在本章就我们参与设计过的空间构成案例进行分析，向大家介绍如何达到容易理解且使用舒适的设计方法。

1. 营造看得清的空间格局——仙台地铁南北线

⁺ 让地铁外墙显现出来

　　1987 年，仙台市地铁南北线修建完成，我们当时被委托对地铁的整体设计进行探讨，因此从 1987 年开始，经过两年的时间，对车站空间构成提出了规划方案。事实上，我们在进行营团地铁标识设计规划时就意识到，空间自身就具有传递信息的能力，如果以此为出发点进行车站设计，应该能建造出更加易于理解且富于魅力的建筑空间。

　　仙台的道路自南向北为丘陵地带。从市内的任何地方都可以眺望到西北方延绵起伏的山脉。广濑川的河水在山麓间流淌。市中心的道路宽阔笔直，路边的树木枝叶繁茂，宽广的天际因为没有高楼的遮挡而一览无余。路上行人的节奏要比东京明显慢得多。这是一个令人感到身心舒畅的城市。为了给有着"绿植之城"美誉的仙台建造一个符合其形象的地铁，我们将其他城市没有的上述要素作为车站空间设计的最初理念。

　　旭之丘站距离市中心大概四站地，建造在住宅区与台原公园之间的狭窄空间中。车站东面的住宅区地势较高，从那里看过去，车站处于地下位置，而从对面地势更低的公园看过去，车站则是在地面以上。车站的上层是城市规划道路，车站的东面还有面向大片住宅区设置的公交车站。

　　我们对该站做了以下三点提案。

　　第一，东侧的站前广场挖空变成阶梯式广场，让车站的外墙显露出来。地铁车站之所以难找，就是因为车站建在地面之下，看不到它的轮廓。当地铁外墙露出时，人们马上就能知道车站的位置了（图3-1）。

图3-1　设置了阶梯式广场后能看到车站外墙

第二，在车站大厅的公园方向设置平台，把车站与公园连接起来，并与第一个提案一起，确保街道与公园之间畅通无阻。市民的散步路线不会因为地铁的修建而被阻断（图3-2）。

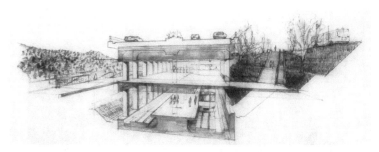

图3-2　车站大厅作为公园通道的提案

第三，车站的公园方向不设置墙壁，而采用一排支柱，从而确保从车站大厅和站台上都可以看见公园的风景，这样乘客从室内也能看到室外各种季节、天气、行人的变化（图3-3）。

图 3-3　公园方向采用支柱排列的提案

　　在这三个提案中，第二个与第三个提案得到了实施（图 3-4，图 3-5）。第一个提案由于在预定地点建造了一所公交车站与市民中心的四层建筑而未能实现。

图 3-4　旭之丘车站公园一侧竣工后的状况

图 3-5　在车站大厅眺望公园方向

让市中心车站被自然环绕

该地铁线路的市中心车站有三所，分别为连接新干线与东北本线的仙台站、位于商业中心区的广濑通车站、位于市政府的勾当台公园车站。勾当台公园车站所在的公园紧邻市政府，那里四周被雪松环绕，还有伊达政宗传说中的建筑遗址，也是市民的休闲广场。

勾当台公园车站规划的讨论重点在于如何与绿植丰富的周边环境相协调。

第一个方案是使用采光井。采光井以采光和换气为目的，沿地下外墙开设一片天井。我们计划在地下一层的检票口前设置采光井和与地面连接的台阶，让光线从室外照到地下。从检票口出站的乘客首先看到的是室外广场的雕塑，沿着台阶走上地面时，迎面而来的是公园里繁茂的雪松，这些设计都是为了让乘客获得视觉上的愉悦（图 3-6，图 3-7）。但由于马路改道，公园遭到分隔，中断了该方案。

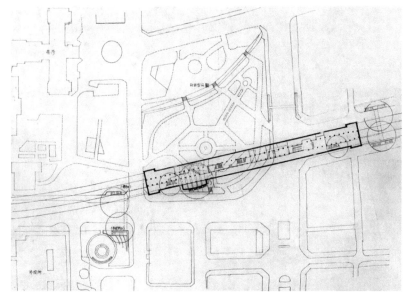

图3-6 一次方案：公园和车站大厅的位置关系

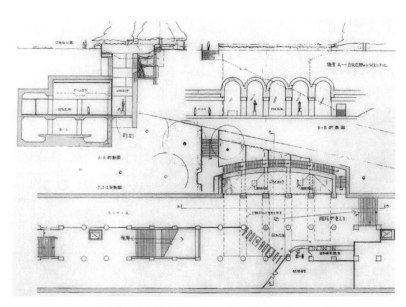

图3-7 一次方案：左上图为横剖面图，右上图为展开图，下图为平面图

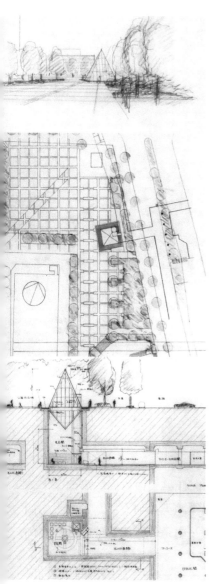

图3-8　二次方案：上图为在公园内眺望，中图为出入口周边平面图，下图为剖面图和平面细节

第二个方案是设置采光大厅。从检票口到市政府的车站出入口通路上设置大厅，在直达地面的挑高空间顶部装设玻璃天花板，让光线照进大厅。玻璃天花板的地上部分就是整修后的公园，并在此安装上透明电梯，作为无障碍出入口。位于地面的玻璃屋顶做成金字塔状，用其独特的形态来强化地铁出入口的形象，而夜间透出的照明可以更明确地表示出地铁的位置（图3-8）。

这个方案获得了仙台市交通局的极大关注和认可。可惜建设省（现在的国土交通省）认为"如果采用这种胡闹的方案，将减少资助金额"，最终该方案也被中止了。

为了做到真正的无障碍路线，我们在地下空间中引入了自然光，一改以往封闭空间中只能依靠人工照明的现状，然而却被认作是在"胡闹"。与那些封闭的地下车站相比，这才是真正的设计啊。最值得反思的是，在我们提案之后的一年，法国卢浮宫广场上立起了一座玻璃金字塔，并获得了世人的称赞，这真是说明了我国行政机构是多么缺乏想象力和公共意识啊！

后来仙台市要探讨市中心南部的爱宕桥的出入口设计，终于使用了天井与无墙面构造，打造出大量的出入口（图3-9）。虽然规模较小，但总算在地方交通局工程师的权限范围内，实现了我们与交通局共同提出的设计理念。

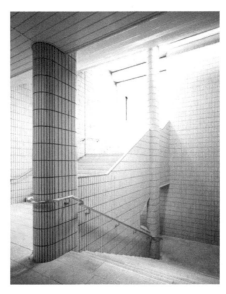

图 3-9　爱宕桥出入口外部光线的深入效果

　　铁路车站空间主要是由大厅和站台构成的。南北线的16座(当时)车站中，有11座车站都是地下一层为大厅、地下二层为站台的标准地铁站构造。其空间构成设计如下。

　　车站大厅的设计需要指示出行动路线，因此将长边方向的墙面装上连续性的灯光，以突出龙骨结构。将检票口周围的天井加大挑高，加大空间容量。为了强调换乘功能，将照明从站外向站内延伸，比其他部分的空间更为明亮（图 3-10）。

　　站台全部为中岛式（上行与下行线路中央为站台），除了管区的两个站台为双排柱结构，其他站台都为单排柱结构。所有站台的对面墙的顶端都为弧面造型，并提供墙面整体照明，给人一种宽阔感。天井设计为弧面吊顶，营造出可以放心等车的空间氛围（图 3-11）。

a）车站大厅的方案图

b）爱宕桥站竣工后实景

图 3-10　车站大厅的方案图和爱宕桥站竣工后实景

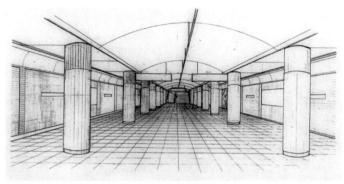

a）站台方案图

b）勾当台公园竣工后实景

图 3-11　站台方案图和勾当台公园站竣工后的照片

　　标准车站的空间构成更为重要的是确保上下移动时，视线没有阻碍。在站台上能看到大厅内的状况，在大厅里能看到站台上的情景，良好的视野能确保行动的便利。因此，向站台方向的下行台阶的正面腰墙要尽量放低，不遮挡视线。台阶两侧的墙面最好使用玻璃材质，以保证开放感（图 3-12）。

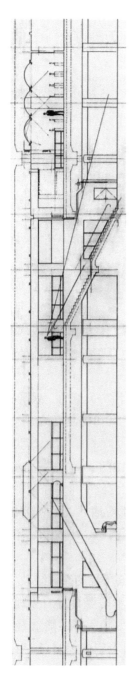

图 3-12 标准车站纵剖面图

在实际实施的过程中，很多想法未能实现。只有部分车站保留了检票口和大厅空间的设计。我们所追求的是，让所有车站能够通过自身的空间设计传递出空间结构的信息，让环境变得更容易为人所理解。但由于职权有限，我们只能执行基本规划。

人与人的交流要建立在场景与语言的基础之上。铁路车站中的交流，是在设施的提供者与使用者之间进行的。这时，标识可以视为语言，而空间构成则可视为场景。如果不能创建出交流成立的场景，只能说明欠缺设计能力。

换言之，标识作为一种媒介，提供空间的名称、运行信息、服务信息等，是它的基础功能。在车站空间中，确保人流自然地生成与行进，这是空间设计的首要目的。我们期待这个规划能引起各界对环境沟通设计的重视，并加以讨论。

2. 给地下引入自然光——国会议事堂前车站出入口的建筑设计

仙台地铁开通后不久，日本铁道技术协会了解了其整体设计成果后，委托我们对"地铁的居住性改善的相关研究"进行汇总（1989 年开始持续了 2 年）。该项目受到了日本船舶振兴会（现为日本财团）的资助，归入了与运输交通相关的"当下研究课题"。碰巧当时各种建设领域也都在讨论"Amenity"一词。

"Amenity"就是舒适、舒爽、清洁、健康、活力、魅力、感受良好等，表现人生快乐的总代名词。所谓居住性，就是建筑和交通工具等人们生活空间中的舒适性问题。

地铁虽然是为了交通便利而建造的空间，但由于处在地下，大多数人并不认为它是一种舒适的设施。因此我们首先对"除去地下空间的负面因素"的必要性进行了探讨。毕竟每个人或多或少都对地下空间抱有闭塞感、压迫感、陌生感、疲劳感、倦怠感、抵抗感、厌恶感、不快感、不安感及恐怖感等感受。

以下是关于"除去地下空间的负面因素"的必要性的探讨结果。

即便在地下，最好也能引入自然光，但并不需要真能看见地上的景色。至少要有宽大的空间、高挑的天花板，视野良好，能够轻松地了解该地铁如何移动，空间结构条理清晰。人们希望知道自己身在何处，需要容易理解的导向标识，能够反复地找到导向指示等。

　　调查结果还显示地下空间存在以下问题：噪声和回音令人不快，应该只播放必要的内容（调查意外发现很多音量和音质都不适当）；温度及湿度控制不当（有些车站当车辆经过时会带来大风；漫长的行走、上上下下的移动都过于辛苦）；高峰时人满为患，让人吃不消等。

　　这些问题的解决，都与居住性的改善相关。

　　这些改善点包括了车站的出入口、大厅、检票口周边、售票处周边、站台台阶、站台、洗手间等单位空间，并与照明设备、播音设备、空调设备、电梯、扶梯、售票机、检票机、标识系统、广告、座椅、商店等各种设备设施相关。

　　在此，我们画出了理想中地铁设施的样子（图 3-13~ 图 3-15）。

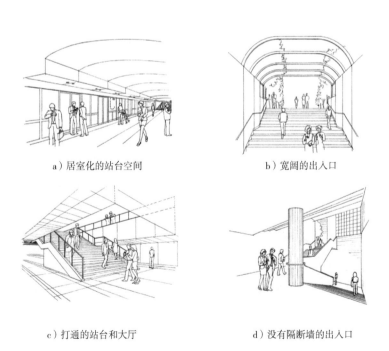

a）居室化的站台空间　　　　　　　　b）宽阔的出入口

c）打通的站台和大厅　　　　　　　　d）没有隔断墙的出入口

图 3-13　改善居住性的创意草图

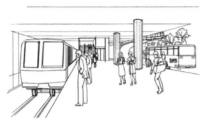
e）可直接换乘公交的站台

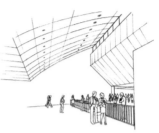
f）有顶灯的检票空间

g）有商店和咖啡屋的大厅

h）有绿植的大厅

图 3-13　改善居住性的创意草图（续）

图 3-14　考虑到居住性的地铁站出入口效果图

图 3-15　考虑到居住性的地铁站台效果图

⁺ 出入口建筑的设计概念

　　日本铁道技术协会的"地铁的居住性改善的相关研究"结束时，该委员会的委员之一，营团地铁的建设总部的计划部长，向我们委托了千代田线国会议事堂前车站的出入口建筑设计。

　　铁路公司的建设总部，既负责制订线路计划、决定在何处修建线路，又负责隧道与车站的土木构造的设计与施工。日本的铁路建设与一般建筑不同，是由建设总部做好整体构造，再由建筑部门负责装修车站内部。而这次的出入口，建设总部连装修都要一起负责。

　　向我们委托任务的计划部长要求，"希望能够实现你们在居住性研究中的理想"。我们非常幸运，在仙台市受阻的"给地下光明"的项目，又一次有了实现的机会。

建设用地就在首相官邸旁边。因此这里不得用作车站出入口以外的其他用途。另外还有一个条件，建筑物要安装地下车站空调的室外机，且不能让对面的高层旅馆直接看到室外机。

我们首先就如何在屋顶上放置并隐藏室外机开始了探讨。在景观上可以直接盖墙挡住，但室外机不能不通风，因此想到了利用百叶式顶板来盖住它。延伸至地下的台阶则使用采光窗，并尽量加大空间（图3-16）。

在与建设总部的协商中，条件意外地宽松，原本只同意使用一半的建筑用地来建地面建筑，最终竟然让我们使用了全部建筑用地。因此我们将室外机藏在二层，从一层到地下二层的楼梯，大部分做成天井，并在地下一层转折（图3-17）。

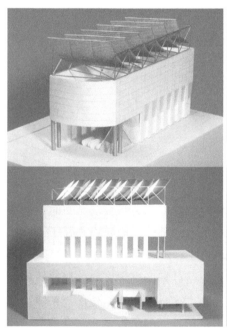

图3-16　最初的草模　　　　　　　　　图3-17　最终阶段的模型

我们最大的目标是将户外阳光引入地下大厅，在仙台市没能实现这个计划，但很多居住性研究委员都支持这个理念。人类本来就是生活在天地之间，适量的自然光对人们的心理及生理都有益处。在各种问卷调查中，地下勤务人员都曾回答"因为不知道外面发生的事情而不安"，最后确定的方案，让我们把这个理念发挥到极致（图 3-18）。

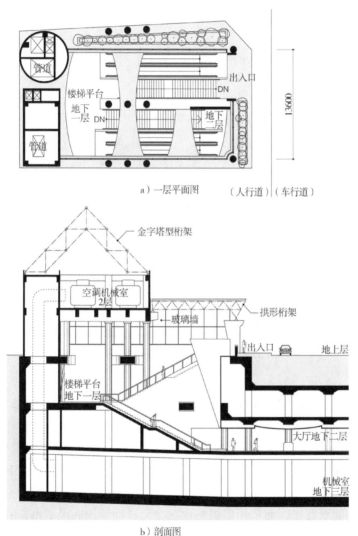

a）一层平面图 （人行道）（车行道）

b）剖面图

图 3-18　实施方案

图 3-19 所示为完成后的照片。

图 3-19　千代田线国会议事堂前站出入口的竣工后照片（1996 年）

为了让光线能够照到地下，屋顶材料使用的是玻璃。支撑玻璃的材料不能挡住光线，所以选用的是细管铁，并组成三角形骨架（立体桁架）利于支撑。并由此选定雨篷采用拱形桁架。二层的屋顶采用金字塔形桁架。

大天井有三面是玻璃墙，光线可以透射到地下。从地面一层到地下一层用大梁支撑着 13m 宽的防护墙。二层机房的荷载，并不是采用此类空间通常使用的承重墙，而是用三根圆柱支撑。这种结构确保了电梯和台阶构成的出入口空间中，没有遮挡光线和视线的墙壁。楼梯间深 5m，宽 13m，行人来往绰绰有余。

在地面的出入口部分，与天井交界处，设置了三角形的翼墙（从建筑物本体延伸出来的支撑用外墙）。刚进入建筑物时，并不能马上看到所有内部空间，但向前走了几米后，宽大的空间会突然跃入眼帘，以此来让人们感觉到视野变化的乐趣。

在地下二层的大厅，千代田线检票口的出口附近，可以看到自然光映射在电梯和台阶上（图3-20）。即便是阴天，也会有数万流明的自然光照进来，而数万流明是人工照明所难以企及的光量。这无比的光明，向乘客传递着通往地面路线的信息。

图3-20　在地下二层大厅眺望（2014年）

建筑物的结构不仅要构建出力学上的空间，也要向使用者传递出必要的信息。

⁺室内设计

车站空间的室内设计同样要能明确地显示出前进方向。为此，首先要建造出具有连续感的空间构造，同时赋予地面、墙面、天井合适的式样，作为辅助设计。

如上所述，该出入口的内部设置了隔墙，制造出了自然光也可以照射到地下层的空间构造，实现了具备连续感的内部空间。而指示移动方向的标识在这就没有设置的必要了（图3-21）。

空间四周的墙面用不同素材组成三角图案，将矩形以对角线方式进行分割（本章首页照片）。在静态、安定中加以四边形墙面的对角线，营造出动态的紧张感。这种表现是设计师的擅长手法。采用的素材是较为经济的人造石砖与轻钢架（天花板用铝制轻钢架）。这些内装设计让空间步调缓慢却不无聊。

竣工18年后（2014年），时隔多时，我再次来到这个出入口体验了一下。除了有部分下雨时漏水的问题，与当年竣工时几乎一模一样。

这附近有一所都立高校，当我来到出入口的时候，正赶上学校放学。学生们三三两两的，一边开心地谈笑，一边搭乘扶梯在宽大的空间中迂回下行。我不禁感慨道，如果每天都来往于这么充裕的空间，一定能培养出丰富的感性认识吧。而所谓的充裕，仅仅是个宽不过13m的空间而已。

图 3-21　具有连续感的内部空间

3. 整体设计的尝试——福冈市地铁七隈线

+ 评审体制与设计理念

福冈市地铁 3 号线（七隈线）的整体设计评审经历了 10 年的时间，于 2005 年 2 月开始运营。这里所说的整体设计，是指该线路所有的 16 座车站、车辆基地、展露于地面上的排气设施、站内安置的商业设备，以及车辆外观设计，全都采用统一的设计理念。

探讨体制具体为，由当地专家与福冈市交通局（后来全市的部局机构都加入其中）组成委员会，由社团法人（现称为公益社团法人）日本标识设计协会（以下简称为 SDA）提出具体方案，最终由委员会定夺（图 3-22）。SDA 会甄选具有公共交通机构设计业绩的成员来担任评审部委员，并召集相关领域的公司开展设计业务。我是最早的成员之一，并从 1999 年以来一直担任主审。

作为评审的结论，设计概念被定义为："让人感觉舒适的、易于使用的地铁""个性化的、让当地使用者感觉亲切的地铁""面向 21 世纪的、具有新价值观与新技术的先进的地铁"。而车站空间的设计目标为："明亮的空间""视野通透、宽敞的空间""易于移动、易于使用的空间""提供给所有人易于理解的信息"。

该地铁首先推进标准设计，各车站的空间构成基本是相同的。此标准设计有以下两大特征：

第一，连接大厅和站台的电梯设置在车站的中央位置，缩短了电梯使用的动线，避免了以前车站中常见的长距离移动。

第二，为了尽量保证使用者动线的顺畅，我们将转角的墙面设计为大曲面。检票口附近的站务室也特别设计为曲面墙,与其呼应的检票机斜向放置,保证了该空间进出的顺畅(图3-23)。

1995—1996年的评审体制	1997—2005年的评审体制
地铁设计评审委员会 (设于福冈市交通局内)	福冈市地铁设计委员会 (设于福冈市政府内)
当地专家、交通局设施规划科	当地专家、都市警备局、建筑局、交通局

《设计业务承接·事务局》 社团法人日本标识设计协会 福冈市地铁3号线设计评审部会	《事务局》 交通局设施规划科
有设计业绩的成员、合作公司	

【主要评审事项】
·设计概念
·车站设计指导方针
·标准车站设计

《设计业务承接》
社团法人日本标识设计协会
福冈市地铁3号线设计评审部会

有设计业绩的成员、合作公司

【主要评审事项】
·各站的建筑·设备·标识设计
·车辆基地·供气排气设备·营业设备
·车辆设计

图 3-22　本项目的评审体制

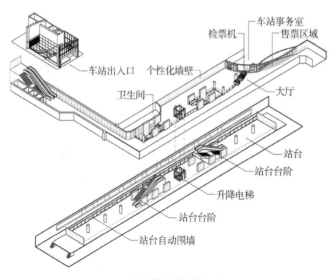

图 3-23　七隈线标准车站的空间构成

以上的设计规划，在地铁七隈线运营后，由福冈市交通局修订为《公共交通机构的通用设计——福冈市地铁七隈线整体设计十年纪录》公开出版 [编辑·著作·发行、地铁 3 号线 JV 集团·（社）日本标识设计协会]。下面的内容介绍所用图均引自该书，读者也可参考该书来了解地铁 3 号线车站的设计特点。

+ 车站空间设计

车站出入口建筑基本采用相同的形态。为了保证让空间足够明亮，尤其是白天能让自然光照射进来，建筑的外墙大部分采用了玻璃材质。有部分车站还在屋顶铺设了透光膜或设置了天窗。所有车站入口全部采用绿色闸门，绿色是本线路的基本色，在七隈线中被反复强调使用（图 3-24 ）。

图 3-24　车站出入口建筑（六本松站，站名前面是车站的标志）

车站出入口尽可能做出大穿堂。几乎所有出入口都设置了上下双向电梯，给乘客提供出宽敞舒适的上下空间（图 3-25）。

图 3-25　车站出入口建筑内（樱坂站）

　　车站大厅的地面、天花板、柱子、墙面都采用标准尺寸的模块化分割方式，地面为边长 30cm 的正方形，天花板为边长 60cm 的正方形，柱子与墙面是高 60cm、宽 90cm 的矩形。标识、照明、设备、广告等都根据此模块标准进行配置。构成空间的基本面以白色为主色调进行涂装，让人感觉空间宽敞而明亮。同时为了不让大家感觉天花板过低或过道过于狭窄，检票口的内外分割栏等多使用玻璃材质。

　　检票口作为重要的功能性空间，从售票机到之前提到的站务室曲面墙再到检票口之内的空间是一直连续的。这些部分全部用绿色涂装，起到了醒目的作用（图 3-26，图 3-27）。

　　检票口之内的大厅墙面、构成站台楼梯空间的墙面及站台两端的墙面都称为特色墙，用于展示每个车站不同的风貌。其装饰材料考虑到了各地的特点，从市中心到郊外，分别选用了玻璃、铝材、壁砖、大理石、石英岩、花岗岩、砂岩、瓷砖、板岩等。

图 3-26　大厅售票区域的曲面墙壁（药院大通站）

图 3-27　车站事务室的曲面墙壁和检票机配置（药院大通站）

铁路车站中,一旦设计疏忽最容易造成视野阻碍的就是站台楼梯空间了。既有防火区划的限制,上层地面又需要部分挖空设置楼梯,所以从构造上考虑必须设置坚厚的壁材。此处的设计要点是保证一定的透空,所以我们在该线路的上下楼梯处都设置了大窗,以保证良好的视野(图 3-28,图 3-29)。

图 3-28 站台楼梯空间的大厅层的窗户(金山站)

图 3-29 站台楼梯空间的站台层的窗户(金山站)

除了售票区域到站务室曲面墙的区域外，各站通用的绿色曲面墙作为统一符号，被用在检票口以内的洗手间、精算区域（图 3-30）。

图 3-30　全站共通的洗手间（上）和精算区域（下）的外墙（渡边通站）

另外，穿堂空间较宽大的车站，并没有采用标准的白色空间，而是提供了让大家感觉温和亲切的交流空间（图3-31）。在所有穿堂的墙面上，都安装了扶手，用来辅助行走移动。

大多数车站站台的天花板都做成拱形挑高，让空间显得更宽阔。有些车站还使用间接光打到天花板上，更突出了宽阔感。站台的自动闸门和电梯外墙都使用了玻璃材质来增加空间的宽阔感，同时乘客能看到移动着的电梯，也更利于确认电梯位置（图3-32）。

站台设计的最大特点可以说是尝试着设计出完全无障碍的车站。我们严格把站台与车辆之间的间隙控制在最小范围内，所有

图 3-31　温和亲切的交流空间（六本松站）

图 3-32　感觉宽敞的站台空间
（药院大通站）

站台平面都呈直线状，车辆与站台的间隙统一为 52mm（误差为 2mm 以内）（图 3-33）。

图 3-33　可让轮椅自行出入的站台（前）与车辆（后）的位置关系（全站）

得益于车辆侧部的油压控制技术，站台地面与车辆地面的高度差几乎为零，该地铁的轮椅使用者完全可以自助上下车。而紧邻站台电梯的出口，是轮椅使用者对应车厢的停车位置。这些措施让该线路成为全日本对轮椅使用者最亲切的铁路。

⁺ 项目目标

公共设计最重要的理念是一种"通用性（university）"的价值观，也就是"尽可能地适合所有人"。被设计的事物，是否能适合于所有人，是检验无障碍设计的最重要标准。

空间设计最重要的是采用"整合化（integration）"的手法，将"两种以上的事物整合为一种事物"。在同一个空间中，看上去无关的各种要素，如地面、墙壁、天花板、售票机、检票机、座椅、标识、广告等，这些要素如果能协调整合，整体水准就会有相应提升。若想借助空间设计提供某些信息，"整合化"设计手法是唯一可实现这一目的的方法。

　　七隈线所主张的设计概念来自对"通用性"的认识，并选择了"整合化"的设计手法。我们将其梳理后，称之为"整体设计"。

　　整体设计的评审经历了 10 年时间，由仙台市总结的"整体设计策划的基本方针"被福冈市交通局公示后，直到"车站建筑设计提案"修订完成，设计流程才被最终确定下来。在此期间，我们提出了使用曲面墙壁确保顺畅的移动空间、尽可能确保视野内没有障碍物、向地下引入自然光、售票区及洗手间等设施采用容易理解的符号化的方式、尽可能将设备内置（嵌入式）以免妨碍通行等方案。

　　该线路设计与其他城市的与众不同之处在于"非常细致的用心"，在各种设施的细节处都做了细心的无障碍设计，并提出了针对地域性微妙差异的个性化提案，以当地传说故事为题材制作了每个车站的形象色。走在车站里，随时能体验到亲切的地域特色。我认为这种优雅的秩序感正是该线路的个性。

　　通用性是文明的基本条件，地域性是文化的基本条件。具备了近代文明要素的福冈文化通过我们的设计成果完美地表现出来。如果能够得到福冈市民及远地而来的乘客的喜欢，就是这个项目最大的成功。

4. 赋予车站色彩愉悦性——东京 Metro 副都心线

+ 着眼于色彩的车站设计

2008年，贯穿池袋、新宿、涩谷的东京副都心线部分开通，其中杂司之谷、西早稻田、东新宿、新宿三丁目、北参道、明治神宫前 6 座车站，以"建设快乐的车站"为目标，围绕车站色彩，展开了新站的设计。

大约在开通的三年前，在我们参与该项目之前，负责各站内装设计的东京 Metro 工务部建筑设施科，汇总了图 3-34 所示的各站的"设计表现的关键词"及"印象色"。

该路线的各站处在都心位置，每一站的街道都有其独特的历史、文化和风景。如杂司之谷站，在江户时代就是数一数二的鹰场，车站附近有杂司之谷陵园和鬼子母神庙。直至今日，其周边依然是娴静的榉树并排、绿叶繁茂的住宅区。因此我们选择了"透过枝叶的阳光""过去的记忆"的关键词，并把"绿色"作为印象色。新宿三丁目站是商业设施集中的地方，又是甲州街道、青梅街道、镰仓街道的交汇处，附近还有信州高远藩内藤家的种屋敷（宅院）。因此我们将关键词定为"光束"和"内藤新宿"，由于内藤家的家纹是"爬墙藤"，由此联想其印象色为"青紫色"。

站名	街区印象	历史遗迹
	【设计表现的关键词】	【设计表现的关键词】
	车站印象色	
1. 杂司之谷站	榉树道 住宅地 透过枝叶的阳光	杂司之谷陵园 鬼子母神 过去的记忆
	绿色	
2. 西早稻田站	学校 樱 文教	尾张氏宅邸 神田上水 水流
	浅蓝色	
3. 东新宿站	工作住所 与都心的密切往来 活动	铁炮百人组 杜鹃 杜鹃
	红色	
4. 新宿三丁目站	繁华街 都市夜景 光带	内藤新宿 江户的交通要所 内藤新宿
	青紫色	
5. 北参道站	各国大使馆 文化设施·绿地 从喧嚣中解放	井伊氏宅邸 国立能乐室 能乐
	金黄色	
6. 明治神宫前站	表参道 品牌店 时尚	龟井氏宅邸 明治神宫 神社的树林
	黄绿色	

图 3-34 车站关键词和印象色

⁺车站空间色彩规划的推进方法

内部空间的色彩规划，通常依照下述过程进行。

1）根据空间的作用定义整体色彩印象。

2）调查空间构成要素中与色彩相关的条件，如地面、墙壁、天花板的材质、形状、尺寸、采光、照明方法等。

3）占据空间大面积的色彩为基本色。

4）用来产生明显变化及视觉焦点的色彩为重点色。

5）在基本色与重点色之间设定搭配色，用来调和配色。

该副都心线的空间色彩规划已经规定了几种重点色。

第一个重点色是棕色的线路色。该颜色作为东京地铁线路的识别色，早在营团地铁有乐町线开通时（1994 年）就被采用了。

第二个重点色是导向标识中深蓝色的乘车类引导色，和黄色的下车类引导色。营团时代并未使用深蓝色，直到改为东京 Metro 后，才配合公司标志开始使用。这里使用的黄色是略带绿色的浅色调。

第三个重点色为本次设计中选出的车站代表色。采用这种方式的主要目的是提高车站之间的识别性。然而如果使用过多的重点色也会破坏车站间的秩序感和线路整体的和谐感。

我们提出了五个方案，来缓解上述担忧。第一，调整车站色的色调（明度与彩度）。第二，定义几种车站色的相关色，让色彩空间感觉更加丰富。第三，为了让导向标识色没有突兀的感觉，将空间整体的基本色设定为接近白色的灰白色。第四，确定几个搭配色，让车站色和相关色可以融入基础色中。第五，使用石材、金属等不受颜色影响的材料，借助材料自身的复杂色彩和光泽来展现色彩的深度。

具体而言，我们针对各个车站及空间单元制作了色彩模板，提交给设计事务所，以此为标准进行设计，并阶段性地对整体色彩进行确认和调整。图 3-35 为最初选定的色彩，图 3-36 为调整后的色彩。两图比较之下，就可以看出调整后的整体统一感。图 3-37 为各车站各单元的色彩模板。

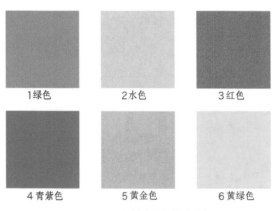

1绿色　2水色　3红色

4青紫色　5黄金色　6黄绿色

图 3-35　最初被选的车站代表色

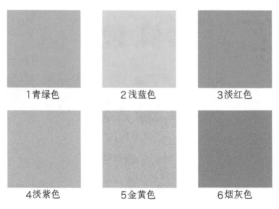

1青绿色　2浅蓝色　3淡红色

4淡紫色　5金黄色　6烟灰色

图 3-36　纯度调整后的车站代表色

我们针对每个车站的进出空间（车站出入口与检票口之间），地域特色展示区，售票区，检票口周边，站台阶空间，大厅地面、柱子、天花板、可移动栏杆、站台轨道侧墙面、站台台阶室外墙壁，隔声墙等部分制作了色彩模板。

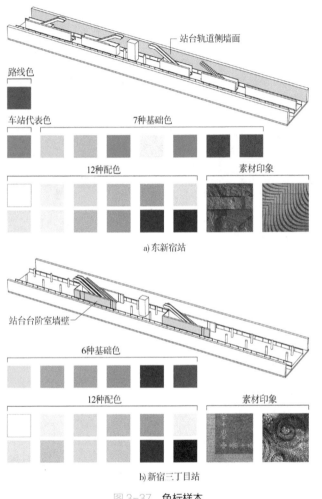

站台轨道侧墙面

路线色

车站代表色　　7种基础色

12种配色　　　　　　素材印象

a) 东新宿站

站台台阶室墙壁

6种基础色

12种配色　　　　　　素材印象

b) 新宿三丁目站

图 3-37　色标样本

⁺ 车站空间色彩规划的推进方法

　　我们向设计事务所提交了色彩模板后才得知，由于施工费用的限制，所有车站的站台轨道侧墙面只能采用白色的铝制拱肩板。这样的话，就难以实现识别性高且舒适的站台空间了。

为此我们提出了低造价的设计方案。围绕各个车站的"设计表现关键词",我们绘制了相关图案,每隔 10m 就会贴上车站名称,并在站名上下附上图案。这些绘画区域的大小为宽 1.8m,高 2.4m。

这些绘画相对于地面、墙壁、柱子等更加显示出强烈的印象,是基于车站的相关色而绘制完成的。如杂司之谷车站就是以榉树树叶透下的光线为原型,用沉静的竹青色来表现静谧、怀旧和优雅。新宿三丁目车站是从繁华街道联想到光束,并由干净的藤色来表现都市印象的。

图 3-38~ 图 3-41 展示了本规划的完成状态。

a) 杂司之谷站

b) 西早稻田站

c) 东新宿站

图 3-38　竣工状况和车站代表色

a) 杂司之谷站　　　　　b) 西早稻田站　　　　　c) 东新宿站

图 3-39　站台座椅

a) 新宿三丁目站

b) 北参道站

c) 明治神宫前站

图 3-40　竣工状况和车站代表色

a) 新宿三丁目站

b) 北参道站

c) 明治神宫前站

图 3-41　站台座椅

图 3-38 与图 3-40 显示出本次的色彩规划对车站的识别性发挥一定的作用。这种识别性并不是以认出哪个车站为目的，而是让车站的设计避免单一化，让每个车站都具有独特的氛围。正是由于每个车站都让人感到有其丰富内涵，才让该线路获得了良好的整体形象。

图 3-39 与图 3-41 是使用了设计绘画的座椅。由于墙壁上的设计绘画获得了好评，我们在透明树脂的座椅中又封装了设计绘画。这一点一滴的用心，会让车站变得更加愉悦吧。

第 4 章
其他国家的车站设计

　　上图是站在里尔·欧洲车站的出入口俯瞰站台全貌的照片。TGV 车站规章中倡导"车站不需要夸张的标识,而要用空间与架构来引导乘客",该车站正是基于此规则而设计的。本章将介绍一些能带给我们很多思考的关于公共空间的其他国家的车站设计实例。

1. 公共服务的前驱——英国铁路和伦敦地铁

我分别在 20 世纪 90 年代的欧洲、21 世纪初的美国、2010 年后的亚洲铁路车站拍摄了大量照片，本章将选择其中一部分做介绍。

⁺ 展示了铁路车站的原则的英国铁路

英国铁路自 1994—1997 年实施了国有铁路的民营化，现在拥有 24 家民用运输公司。在欧洲，即便是不同的运输公司，也会组成联合组织，提供统一的服务。

图 4-1，首先注意到的是被称为"双箭"的服务标识。这个标识自 1965 年

图 4-1　1965 年以来一直使用着的铁路标志

国有铁路时代就被使用，直到民营化的今天，在英国铁路的所有车站仍然被使用着。而在日本，一旦公有机构民营化，首先就会把标识换掉，而这真的是必需的吗？被长时间使用过的标识，世人已经熟知它的服务内容了。如果把组织变更的内部问题与维持服务的问题混为一谈，就将把事情搞乱。欧洲人或许认为保留标识理所当然，但对世人来说，这确实是公共服务的参考样本。

图 4-2，欧洲城际间铁路的始发站通常采用港湾式设计，这样可同时停靠多辆列车。为了确保必要的高度和宽度，又经常使用巨型拱顶式样。这样宽阔的空间感让人心中不由得充满了对旅行的期待。

图 4-2 拱形构造的伯灵顿车站站台

图 4-3，滑铁卢车站大厅吊置了巨大的导向标识。这种形式在帕丁顿、尤斯顿、维多利亚等重要车站也被广泛使用。不管人们在车站的哪个位置，都可以轻易地看到高高在上的标识。寻找移动方向时，只需要跟着该标识就可以了。

图4-3 天花板高大明亮的滑铁卢车站大厅

　　图4-4，展示的是滑铁卢国际车站（国际列车首发站，现已停用）的站台。车站竣工时，站台上拱顶形状的采光控制装置和能够看到泰晤士河沿岸街景的窗户，曾经传为佳话。

图4-4 考虑过采光与眺望的滑铁卢国际车站站台

伦敦乘客运输公司副总裁 Frank Pick 在任职的八年间（1933－1942 年），进行了从车站设施到标志、线路图、导向标识、海报、商业广告等综合规划，并因此名声大噪。

1964 年，东京奥林匹克视觉设计总监胜见胜先生（已故）曾盛赞到："各站的所有造型设计都像交响乐合奏一样具有统一性，为大众展示了近代造型精神的精髓。"

图 4-5，1933 年，公司成立伊始使用的"Circle and Bar（圆形和条形）"标志，至今依然放在所有地铁出入口，只是近年来设计得更加简洁了。

图 4-5　表示车站出入口的服务标志

图 4-6，"Circle and Bar"标志也在站台的站名标识上被统一使用。知道这个规律（所有车站都是统一设计，很快就能掌握规律）后，寻找站名的位置就变得非常容易。另外，由于大部分车站名称都放在"Circle and Bar"标志之上，字体很大、标识数量又多，站名就更容易找到了。不愧是考虑细致周到的国际旅游城市。

图 4-6　站台站名标识中使用的服务标志

图 4-7，自 1933 年以来，铁道对面墙壁上展出的大型广告的规格都没有变过。而这种广告的展出方式让当时的地铁风景有了很大改观。

图 4-7　传统的伦敦地铁站台景象

要注意的是，伦敦地铁采用第三轨供电系统，也就是说，电力并非通过天花板的高架线来提供，而是通过轨道旁边的电力轨道来供电。所以整个站台空间很好设计。其缺点是人员进入轨道容易发生意外，而且高速行驶下供电不易。在东京只有银座线、丸之内线采用这种供电系统。

图 4-8，Frank Pick 在任期间，电工师 Harry　Beck 从电路图中获得灵感，创造出被使用至今的网络状线路图。据说 Beck 在随后的 30 年间仍在不断改进方案。事实上，伦敦的地面道路是相当不规则的，但得益于地铁线路图中的水平线、垂直线、45°线等简洁而规则的形状，伦敦市民以此为坐标来想象地面上的情况。

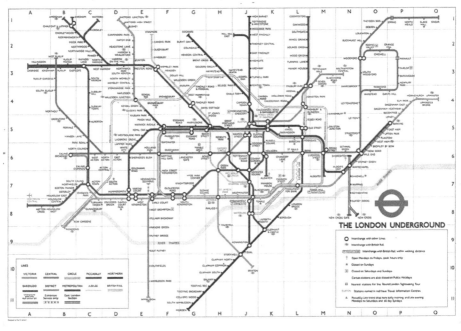

图 4-8　地铁线路图

这种线路图（tube map）的易读性和易懂性，得到了国际上的高度评价，据说很多国家的交通机构在设计各公司的线路图时都参考了此图。

2. 空间构成一目了然——法国国家铁路和巴黎地铁

⁺清楚明确的法国国家铁路车站

　　本节介绍的不是一般的法国国家铁路车站，而是 1994 年通车的法国新干线停靠站。它们分别是，法国东南部城市里昂的国际机场站——里昂·圣埃克苏佩里 TGV 车站；与北部比利时接壤的边境城市里尔，距离一般铁路车站 500m 的里尔·欧洲车站；巴黎的门户戴高乐机场（CDG）第二航站楼 TGV 车站。每一个车站都具有明确的空间构成，并对移动的便利性有透彻的考虑。

　　图 4-9 为里昂 TGV 车站，其构造是让大厅跨越轨道，从旁边延伸出与轨道平行的联络平台（图 4-9b，平台下面是轨道），两侧镂空部分为站台（图 4-9a，岛式站台左侧尚未铺设轨道）。采用这种构造，上下层视线互通，乘客可以很容易地明白移动的方法。楼梯、扶梯、电梯等升降设施可以供乘客任意选择。

　　图 4-10 为里尔国际车站，分别停靠有 TGV、从伦敦发出的欧洲之星及从布鲁塞尔发出的西北列车。里尔国际车站的大厅与站台的位置关系与里昂 TGV 车站基本相同。图 4-10 所示的连接车站出入口与大厅的电梯的设置方法可以看作无障碍设计的典范。首先进入车站出入口后，正面即电梯（图 4-10b），乘坐电梯下去就直接面对大厅。反过来看，对车站的设置状况也同样一目了然（图 4-10a）。电梯设置在最短的动线上，所有人都很快能看见。这种方法是值得推荐的。

a) 站台   b) 空中连接平台

图 4-9　里昂 TGV 车站的站台和空中连接平台

a)   b)

图 4-10　里尔国际车站的出入口电梯

图 4-11 为 CDG 机场第二 TGV 车站，它既是从巴黎市内驶来的 RER（地方特快）和机场线的停靠站，也是 TGV 和欧洲之星等线路的中转站。图 4-11 显示了从 RER 站台下车后，在乘坐电梯通往检票口的路上，可以清楚地看到 TGV 检票口大厅和站台。如果从东京车站的山手线的电梯上能看到新干线的大厅和站台，该是多么清楚明白啊！

图 4-11　CDG 机场第二 TGV 车站的换乘路线上的风景

图 4-12 展示的是在同一个车站，从检票层的上层的连接平台，观看更上层店铺的情景。在这个空间里，四周没有墙壁，可以上下眺望，透过房顶的玻璃天花板，自然光可以照射到下层空间。

图 4-12　CDG 机场第二 TGV 车站的连接平台的风景

⁺ 个性化且简单易懂的巴黎地铁

巴黎为了举办 1900 年万国博览会而筹建了最初的地铁。建造运营方是巴黎大都会铁路公司，他们在车站出入口设置了 "METROPOLITAIN" 的标志。因此据说全世界都仿照巴黎，将地铁称为 "Metro"。不过班森·波布力克在《世界地铁故事》中提到，这个称号是模仿自早于巴黎地铁 37 年就已开通的伦敦地铁。

自 1994 年以来，巴黎地铁的运营主体为巴黎运输（RATP）。

图 4–13a~c 分别为加迪诺、阿贝斯、皮甲车站的出入口。巴黎地铁中最出名的风景是加迪诺、阿贝斯两个车站中所展示的，由埃克特·吉马赫设计的出入口。根据波布力克的《世界地铁故事》所述，当时的巴黎市长是新艺术的爱好者，他自作主张聘用了吉马赫，让他在 13 年间设计了 140 个出入口（现存仅 7 个）。这些设计虽然取材于有机的植物形态，但各部分为铸铁材质，被认为是工业规格化的先驱。

最近多用 "M" 字头作为标识，放在地铁出入口。图 4–14 为巴黎地铁的站名标识，其字体和大小都是针对每个车站单独设计的。截至 2014 年，巴黎共建有 297 个车站，虽然在漫长的历史中产生了丰富多彩的形象，但依然坚持从车内能够看到标识高度、大小、数量的原则。

巴黎地铁的车站名称标识，与日本的表示习惯不同，并不表示上一站及下一站的站名，这在欧洲是常见的现象。

图 4–15 所示的标识系统非常简洁。从站台向出口方向，由蓝底白字的 "SORTIE" 表示。列车的前进方向由起始和终点站名表示。换乘由橙色底色 "CORRESPONDANCE" 的文字和换乘线路的起始终点站名来表示。巴黎地铁开通百年以来一直沿用这套系统。记得我在 20 世纪 80 年代造访交通局时，铁道职员曾坚定地说，对导向标识的抱怨完全没有。线路号在最初是作为管理记号被使用，而近年来却作为导向标识被广泛应用。

当行进方向标识中只表示起始和终点站名时，不熟悉线路的乘客会难以选择自己应该去的站台。为此，检票口到站台的岔路口会标注不同行进方向上的所有车站名。

a) 加迪诺站

b) 阿贝斯站

c) 皮甲站

图 4-13　各式各样的车站出入口

图 4-14　各式各样的站台站名标识

a) 指引标识

b) 换乘标识

图 4-15　站台的出口标识中的换乘标识和指引标识

图 4-16 为巴黎地铁连接检票口和站台的通道。巴黎地铁车站因为易为乘客理解而广受称赞。其原因，一方面是前述的大空间所产生的明确性；另一方面是图 4-16 中所展示出的，一条通道所产生的动线的明确性。早年受到技术和地基的局限，虽然难以营造出宽大的地铁空间，但在建造车站出入口和检票口、检票口和各站台之间的通道时，虽然通道有曲折，但全部是独立的。

图 4-16　连接检票口和站台的通道

3. 艺术性至上——丹麦国家铁路和斯德哥尔摩地铁

+ 彻底贯彻无障碍设计的丹麦国家铁路

丹麦国家铁路（DSB）从 1971 年开始，历经 10 年时间推进设计战略，并因此享有盛誉。以建筑家燕斯·尼尔森为设计总监的设计团队可以直通总裁室，对车辆、车站大楼、平面等进行总体规划设计。

本节将介绍 1989 年获得布鲁内尔奖的豪艾·塔斯川普车站，并借此探寻丹麦国家铁路的艺术轨迹。由于哥本哈根都市圈的扩大，一批新兴住宅区随之兴建，该车站是住宅区中最近的车站，距离市中心约 20km。

图 4-17 为豪艾·塔斯川普车站的外观，可以看到火车轨道铺设在壕沟内，在地下与马路交错，而没有地面上的交叉点，避免了破坏市中心

图 4-17 豪艾·塔斯川普车站外观

的城市景观，这是欧洲地铁常见的铺设手法。车站设有与马路同等高度的空中桥梁，通向车站大厅，只有公交车和行人可以从正面进入大厅（自驾车必须走车站后方的空中桥梁）。车站采用传统的拱顶结构，向市民展示其雄伟面貌。

图 4-18 的公交车站就在中央大厅的前方。公交车上有阻尼装置，车厢可以降低贴近地面(低底盘型)，方便乘客上下车。该照片拍摄于1991年，是我第一次看到这种车型，真不愧是无障碍概念的发源地。

图 4-18　中央大厅前停留的低底盘公共汽车

图 4-19 为站台全景，跨过轨道眺望站台，可以看见红色墙板的候车亭和红色的列车，红色是 DSB 的标准色。避雨用的候车亭内，张贴着海报。这些海报是由 DSB 公司委托优秀的艺术家制作的，向市民展示出高水准的作品，可见公司执着于坚持公共设计的优良传统。

图 4-19　站台全景

　　图 4-20 是中央大厅内的信息板。墙板依然使用红色标准色。前方两座是铁路信息板，后方一座是公交车信息板。虽然运输系统不同，但统一提供信息的方式值得称道。铁道信息包括国家铁路的整体线路图、近郊区线路图、各站台及各行进方向的时刻表等。公交车信息包括线路网状图、城市地图、各系统与行进方向的指示、出发场所的指示等。所有信息板都配备了照明，非常方便乘客阅读。

图 4-20　中央大厅内的信息板

⁺洋溢着艺术气息的斯德哥尔摩地铁

瑞典首都斯德哥尔摩是由沿岸 14 座小岛组成的。这一带的地质是坚硬的岩石，地铁穿行于岩石中，仿佛将岛屿连接在一起。

图 4-21 所示的车站出入口与其他城市不同，多数为有门的独栋建筑，因为这里的冬天平均温度仅有 -5℃，甚至低至 -30℃。这里的所有车站都设置有"T"字（Tunnelbana，地铁）标识。

建设车站需要挖掘岩石层，但在坚硬的岩石层中很难挖太多竖井，且车站的上方经常就是海面，所以连接售票口和站台的扶梯之间还设置了斜行电梯（图 4-22）。只要地板与地面平行，升降电梯也可以斜着走，这真是崭新的创意。

图 4-23 所示的标识系统设计简洁且系统化。车站名用黑底白字表示，且只表示该站的站名。出口用白底黑字的"UTGANG"表示。出口方向的指示箭头使用的是 UIC（国际铁道联盟）的标准化图形符号。吊挂型的标识采用统一规格的产品，每一个标识的表示面都配备了外照明，非常清晰可辨。

斯德哥尔摩的地铁有红线、绿线、蓝线三条线路，不管是线路图还是换乘指示，都统一使用这三种颜色。

图 4-24 中的地铁，号称是"全世界最长的艺术长廊"，并因此被人们熟知。该地铁是在 20 世纪 50 年代开通的，大约从 1970 年左右开始，车站空间全部被装饰上绘画、马赛克、雕刻等，迄今（2014 年）百余所车站的大部分都变得美轮美奂。据相关负责人解释，"因为车站有些部分仅仅将岩石挖空就开始使用了，当初就只涂了层油漆。但是之后产生了由一两个艺术家负责车站整体表现的想法。"

图 4-21　斯德哥尔摩地铁站出入口之一

图 4-22　扶梯旁设置的斜行升降梯

图 4-23 彻底系统化的标识系统

图 4-24　站内空间中各式各样的艺术表现

4.彰显首都的威严——华盛顿特区联合车站与地铁

具备优雅公共空间的华盛顿特区联合车站

说起美国的交通，人们马上会想到汽车和飞机，却很少知道截至2014年，美国铁路的总长度是世界第一。最长的时候曾经达到40万km，现今仍有22万km，相当于日本铁路长度的10倍，以货运为主。

美国的铁道历史与英国一样悠久，1830年就有了蒸汽火车。而美国铁道的特点在于，一直都在民营企业的竞争下不断进行收购与合并。第二次世界大战结束后，迎来了州际高速道路建设的全面发展，铁路乘客数量随之大幅度减少。

进入20世纪60年代后，很多公司停止了旅客运输业务。联邦政府于1971年出资成立了国营旅客运输企业AMTRAK（国家铁路客运公司）。目前美国有八家以货运为主的铁道公司。除了国营AMTRAK外，一些地方运输公司借用AMTRAK的线路进行客运业务。

全美各地都有联合车站，之所以如此命名，是因为由各公司共同经营的缘故。本节所举例的华盛顿特区（DC）联合车站于1970年开始运营。现在除了国家铁路，还有马里兰州铁路公司、维吉尼亚高速铁路公司在此停靠。由于车站修建得庄重典雅，已经成为有名的景点，每年约有3200万人次造访。

图4-25为车站的正门。刚开始运营时，铁道还是人们移动的主要工具，因此车站就如同城市的大门一样。铁道公司希望建造一所名副其实的象征性建筑。车站正面宽度为180m，采用了罗马建筑风格的古典式样。

图 4-25 华盛顿 DC 联合车站的正门

图 4-26 为主候车室的圆顶空间。20 世纪 60—70 年代是美国铁路的低潮期，此处改为了观光咨询所，直到 1981 年颁布了"保存及再开发法"，候车室得以恢复，如今人们可以在宽敞的空间里一边享用食物，一边等待列车。

图 4-26　主候车室中的圆顶空间

图 4-27 为售票处和商店区。在宽敞的三层挑高空间中，无论身在何处，都能欣赏商品与人潮，相当有趣。金黄色照明的顶棚更让人们为之动容。

图 4-27　售票处和商店区

图 4-28 为闸口前的候车大厅。这里的嘈杂感变强了。走进乘车大厅右侧的闸口，就是与大厅呈垂直方向的站台。每个闸口后面都有能容纳 20 人左右的候车空间。据说这座车站是附近高中的指定校外社会实践地点。

图 4-28　闸口前的候车大厅

⁺ 具备优雅公共空间的华盛顿特区联合车站

华盛顿首都圈交通局经营的华盛顿 DC 地铁，被称为 Metro Rail，代表符号为 "M"。40% 的上班族会使用该地铁，工作日的乘客约为日均 95 万人，由于该地铁系统规划出色而为全世界所周知。

1976 年，红线地铁开通后，又相继开通了蓝线、橙线、黄线、绿线等地铁。2014 年夏天，银线也开通了。

每一条线路都从郊外起始，途径市中心，驶向其他郊区，将政府机关、机场、铁路干线车站等有效地连接起来。在市中心区域内，几条线路会在统一路线上行驶，乘客不用换乘也能到达目的地。同时，郊外的很多车站都配备了 Park & Ride（从私家车换乘地铁用）停车场。

图 4-29 是法拉格特西站，地下一层设有检票口，处在巨大的穹拱下空中走廊的中间位置，从此处购票进入。从空中走廊向下望去，灯光璀璨的

图 4-29　法拉格特西站的检票口大厅和乘务员服务亭

站台空间整体尽收眼底（图4-30）。因为空间结构一眼就全看到了，所以也就极容易理解了。由图4-30可以看出，站台为相对式，对面站台运行相反方向的列车，根据站台上的信息提示和扶梯上的标识，可以判断站台通过列车的运行方向。

图4-30　从检票口大厅眺望整个站台

图4-31为站台侧墙上的停车站表和站名标识，可以看出站台上设置的标识相当简洁。这个车站有蓝线和橙线两条线路通过，信息板上同时有两条线路的停车站指示（左边的标识表示出这两条线路共同的停车站）。站名标识（右侧）中并没有表示下一站的站名，上面标注的是出口方向。在这条地铁中有一个基本原则，就是将出口标注在车站名的两侧。从紧急避难的角度出发，这种表示方式是很有道理的，因为在欧美国家中，道路名称深入人心，用道路名称来表示出口，反而更容易理解。

乘客从列车走下站台时，视线不会受到阻碍，一眼就能看到出口方向（图4-32）。各车站构造基本相同，内装也基本共通。墙壁与天花板相连接的预制混凝土大拱顶更是令人印象深刻。地板与墙壁之间装有隐藏式投射灯，映射出美丽的光影。

图 4-31　站台侧墙上的停车站表和站名标识

图 4-32　从站台上眺望检票口方向

5. 国际都市的交通典范——纽约中央车站与地铁

+ 展示公共空间要素的中央车站

20 世纪初，宾夕法尼亚铁路公司与纽约中央铁路公司在美国东部一较高下，宾西法尼亚铁路公司运用海底隧道贯穿曼哈顿，1907 年，在中城西面建造了华丽的希腊式风格的宾夕法尼亚车站；纽约铁路公司则从城北建造了曼哈顿地铁，1913 年，在中城又建造了有着宽阔大厅的中央车站。

后来这两家公司都衰败破产，宏伟的宾夕法尼亚车站被拆除，但麦迪逊花园还保留它原有的车站功能，目前 AMTRAK 等中距离列车还停靠此站；中央车站则幸运地逃过被拆除的命运，重新整修后成为纽约州城市交通公司（MTA）所经营的通勤列车转运站，有许多上班族都搭乘它上下班。

图 4-33 为坐落在摩天大楼之间的中央车站大门，被称作美式艺术（American Beaux-Arts）风格，过往的风光可见一斑。

图 4-34 为中央大厅全景。乘客对百年历史的中央大厅有着特别的感情，中央车站在 1998 年经过整修，地板与柱子都换成了大理石材质，将近 40m 高的天花板上画上了星座图。纽约客汤尼·西斯在著作《城市记忆》中曾提到，"这个空间诞生以来，分流了无数民众，是近代城市中最雍容华贵的室内公共空间，令人赞叹不已。"

图 4-33　中央车站的正门

图 4-34　中央大厅全景

　　来到这里便能体会公共空间的基本条件就是要宽阔。人们在高远深奥的三维空间中，才能感觉到自己仿佛沧海一粟，在狭小空间中则绝对不会产生这种感受。

图 4-35 为大厅中央的服务台。欧美车站都会在大厅中央设置服务台，毕竟车站是接待过客的地方，服务台设在大厅中央也理所当然。服务台后方的信息板显示了线路的去向和发车时间，下方是售票亭，乘客在大厅里一眼就能看清楚接下来要去哪里。

图 4-35　大厅中央的服务台

图 4-36 为大厅末端通往站台的乘车门，走下闸口后方的坡道就来到列车停靠的站台。欧美转运站的乘客都是在大厅中候车，站台只是搭乘时路过而已。

图 4-36　通往站台的乘车门

⁺ 展现国际都市标识水准的纽约地铁

纽约原本就有高架铁路，1904 年又开通了地铁，但当时由三家地铁公司各自制订规则，1940 年才由纽约市交通局整合完成，并于 1968 年成立MTA，将纽约地铁纳入旗下。

目前纽约地铁有 27 条路线，车站 468 座，规模可说全球第一。全线统一票价，24h 运行，多线直通车，相当方便，有段时间因为涂鸦严重及设备老化有多所车站受到困扰，但现在已经有不少车站恢复整洁了。

在地铁交由 MTA 管辖之际，开始有人想要整合杂乱无章的标识，于1970 年推出了第一份设计手册，确定标识系统的构架，后来经过多次修改细节完善，才成为我们现在看到的标识系统。

纽约地铁用彩色圆圈里面的英文字母和数字来表示线路（图 4-37a），全世界的人都看得懂。车站入口一定会标识站名与该路线的符号，出站口也会标识线路符号（图 4-37b）。从站台通往地面的出口一律使用红底白字的"Exit"标识（图 4-37c）。日本既有黄色出口标识，又有绿色的紧急逃生门标识。美国的站点就是紧急时刻也由相同的出口逃生，出口指示当然只要一个就够了。

曼哈顿的街道呈棋盘形设计，下方的地铁也大多是南北走向，所以北上列车称为"上行"，而南下列车称为"下行"，外国观光客也看得懂，可见背景脉络浅显易懂，标识也十分简单明了。另外，"Local"表示各站都停的普通车，"Express"表示直达车（图 4-38）。由于纽约地铁线路复杂，普通车与快车不会停靠相同的站台，这点也相当易懂。

纽约地铁也有运作很复杂的车站，如第 59 街车站的站台指标就写着"往北，布朗区，快车"，而且各线路还写着"四号线，往 ×× 街车站，深夜从普通站台发车""五号线，往 ×× 街车站与 ×× 街车站，但深夜与傍晚通勤尖峰时间不发车"（图 4-39）。

a)

b)

c)

图 4-37　标识系统的典范

图4-38　向北行驶各站停车和快车的分别标识

图4-39　站台列车行车方向标识

纽约地铁24h营运，但不代表所有出入口都开放。图4-40中的标识牌中间就写着"左边为松树街与威廉街出口，开放时间为星期一至星期五，上午7：05至下午10：30，其他时间请利用华商街、威廉街方面出口"。

图4-40　检票口内通道中的出口方向标识

这种标识了不起的地方就是巨细无遗，MTA十分负责地做到了，保证所有人都能理解指标的内容资讯，而且完全不用临时告示。

不只如此，从下面这件事也可看出MTA的谨慎行事：最早纽约地铁的标识都是白底，后来有民众投诉黑底白字比较方便阅读，MTA于是做了搭乘实验调查，证实民众的观感没错，便立刻将指标改为黑底白字。

6. 高度的现代化——台北地铁与北京地铁

台北市的地铁（也称为台北捷运或 MRT）是在 1980 年中期敲定建设方案，1996 年开通第一条线木栅线（文湖线的南半段，现已改名为文山线）。之后地铁不断铺设建造，至 2013 年已有 5 条线，但从运行系统来看则多于 10 条，而且有许多线正在规划或建造中。

台北地铁的一个运行区间可能出现两个线路名，或同一条线却走在不同区域里，从车站的线路图与指标根本看不出来，这是个应该立即改善的问题，据报道当局已经展开检讨改善方案。

由于我并没有看过台北所有的地铁站，但以本节将介绍的板南线忠孝复兴站来论，车站空间架构比日本地铁还优秀。

如图 4-41 所示，忠孝复兴站的站台是挑高的天井，从通道就可以看清楚站台的景象，除了该站之外，所有板南线车站及文湖线松山机场站也都采用了这样的构造，其设计基础就是以发生任何事情都能一目了然为原点。

图 4-42 为没有天花板的站台，从上面看得见下面，下面当然也看得见上面。在站台就能看见上方楼层的吊挂标识，了解系统的人立刻就知道自己正往哪里去，站台宽阔没有压迫感，甚至令人感到放松。

图 4-41　在联络通道上一目了然的忠孝复兴站站台

图 4-42　没有天花板的站台

　　如图 4-43 所示，站台上有标示站名与去向，就印在站台与轨道间的长告示板上，站名有中文与英文，去向则标示终点站，以及位于台北市中央的台北车站。长告示板同时也是灯箱，可以照亮站台边缘，站台上有防止跌落的活动闸门，闸门以透明材质制作，让站台乘客与车内乘客都能看清状况，也让站台空间感觉更为宽敞。

图 4-43　站台边缘处的长标识（深蓝色）

　　如图 4-44 所示，联络通道的标识与日本的有点像，转乘资讯标示线路名称，右边标示线路两端的站名，出口标识是黑底黄字，每个地面出口都有编号，底下还会标注车站周边的主要地标。标识的字体大小差异很明显，小字必须靠得很近才能看清楚。这一点与上一节介绍的纽约相比，仍有许多改进的空间。

图 4-44　联络通道出口的换乘指引

⁺推动标准化与独特化的北京地铁

北京地铁规划始于 1953 年，地铁一期工程始建于 1965 年，最早的路线竣工于 1969 年，1971 年开始试运营。1984 年，北京地铁 2 号线开通运营。1978 年，中国进入改革开放时代，被称为"世界工厂"，经济迅速起飞。

北京地铁建设最快速发展的时期是 2008 年北京奥运期间，从 2002~2008 的 6 年内新增了 6 条线路，接下来更是突飞猛进，2013 年底已经有 17 条线路，预计 2020 年达到 30 条线路。

奥运期间所建造的地铁站不仅水准相当高，各站的空间架构都依据相同的标准，而且用心打造出各站特色，所有车站都设有电梯、电扶梯与洗手间，转乘站设有不同动线的通道。

图 4-45 为北京地铁车站的标准构造。标准车站必备的联络通道与售票厅大体设在地下一楼，岛式站台设在地下二楼，售票口则视车站的规模设置 1~2 处。地面出口位于联络通道两端，有 2~4 个，构造几乎等同于日本规格而非欧美规格，但每个单位空间都大很多。

乘客可以从售票机或售票厅购买 IC 票卡，检票入口与出口各自分开，中间通常会设置服务窗口兼站务室。

我所调查的地铁站都有站台透明门，上方是与站台等长的长告示板，反复标注站名、线路编号、去向、停靠站资讯图等。字体够大而且打光，很方便乘客阅读。

出口标识统一使用绿色的"出"字，远远就可以从站台上看到，而且附有图标说明该处的升降设备是电梯、电扶梯或楼梯。

a)

b)

c)

图 4-45　北京地铁车站的标准构造

如图 4-46 所示，乘客较多的车站，通道上会设计附近地标的造型装饰。图 4-46b 是圆明园站通道的浮雕。圆明园是清朝皇帝的御花园，19 世纪末遭到列强侵略，放火抢劫，车站浮雕就展现了这段历史。图 4-46a 是南锣鼓巷站通道的一幅陶版画，南锣鼓巷站附近有知名的胡同保留区。有些陶版画生动地描绘了各国观光客造访胡同的街景。

a) 南锣鼓巷站

b) 圆明园站

图 4-46　通道壁画

图 4-47 是北土城站的内部装饰，这里有经过奥运会场的八号线，以及第二环状线十号线经过。该站内部装饰多以"青花"为主题，青花就是白底蓝花的瓷器，图案多为龙或植物，据说发源自 14 世纪的元朝。中国瓷器历史悠久，站内将青花纹样应用在闸门、柱子与告示牌上（应该是镂空雕刻）。

图 4-47　以青花瓷为题材的内部装饰

图 4-48 为奥运线车站的站台设计。图 4-48b 为奥体中心站站台，图 4-48a 为奥林匹克公园站站台，两站中间就是北京国家体育场，也就是举办过 2008 年北京奥运会开幕式与闭幕式的"鸟巢"。这两站的站台空间从天花板到柱子都采用整体设计，就好像树木撑着天空，尤其奥体中心站的柱子以瓷器质感修饰，整个空间犹如画布，十分前卫。两站的站台边缘都有站台门与长告示板，属于标准规格。

a) 奥林匹克公园站

b) 奥体中心站

图 4-48 奥运线车站的站台设计

中国造型的趣味之处在于创意独到，表现奔放，走的不是减法思维而是加法思维。以我看过的地铁站来说，比较接近斯德哥尔摩地铁。当我看到北京市内林立的现代建筑，参观上海博物馆中拥有千年历史的古文物时，不由得猜想中国人比较喜欢创造新鲜有趣的事物，因此地铁的设计装饰性也较强。

图4-49a是1号线建国门站，完工于1997年；图4-49b是2号线宣武门站，完工于1969年。2002年我去拍摄时，这两个车站的风格并没有太大差异，但是与图4-45中的车站对比，就知道新车站的发展速度飞快。

a) 建国门站

图4-49　2002年拍摄的北京地铁1号线和2号线

b) 宣武门站

图 4-49 2002 年拍摄的北京地铁 1 号线和 2 号线（续）

图 4-50 是我在 1992 年拍摄的香港地铁站，还比较接近现代车站的形象。可见拥有强大经济实力的北京交通当局，趁着举办奥运大力建造地铁的时机，确实仔细地研究过世界各地地铁的状况，并发挥了创造力，做到了尽善尽美的车站设计。

图 4-50　1992 年拍摄的香港地铁站

第 5 章
日本的车站设计

　　照片中展示的为 JR 大阪车站在来线中连接站台与天桥的电梯。日本终于开始采用移动空间的可视化设计了。本章中，将指出日本大型车站设计中压倒性大量存在的问题，并进行评论。

1. 世界最难懂的车站——JR 新宿车站

⁺ 空间连接关系难以理解

明治时期以来，日本铁道迎来急速发展。但是不像欧美城市大力发展地下铁道交通，日本铁道线路多铺设在地面，这种构造也是造成车站变得非常复杂的一个原因。因为如果站台建在一层，人们只能上一层到车站大厅，再下一层走出车站，否则就是下一层再上一层。

JR 新宿车站也是从这样的基本构造开始启用的。发展到现在，连接车站西口地下广场和东口车站大厦地下的北通路，与北通路平行的中央通路都在地下一层，站台在一层，去往甲州街道过街天桥的南口广场与天桥南侧最近增设了南天台口·新南口，它们的连接通路在二层。检票出口在地下有 6 处、南口广场有 2 处、南侧增设通路上有 2 处，共计 10 个出口。

在此交汇的线路有 JR 铁道公司线路，包括埼京线、湘南新宿线、成田特急线、中央本线、中央快速线、中央·总武线（各站停车）、山手线，以及其他铁道公司线路，包括西侧的小田急线、更西侧的京王线、西口地下广场的东京地下铁的丸之内线和都营大江户线、甲州街道西侧地下的京王新线和都营新宿线，其北侧还有其他车站的都营大江户线。

JR 的 7 条线路并行排列在 8 个站台，每个站台各自架设了屋顶（图 5-1）。因此，乘客根本无法看到车站的整体状况，最多能看到旁边站台的样子。如果参照前面介绍的英国铁道车站，或图 5-2 所示的慕尼黑中央车站，车站整体被高大的屋顶覆盖，站台就可以相互一览无余了。若将标识再用心设计，JR 新宿车站的换乘感受会有大幅度地提升。

图 5-1　JR 新宿站站台景观

图 5-2　慕尼黑中央站的站台景观

　　站台与二层的车站大厅的关系也是一样的。只有从站台上楼，接近二层的车站大厅时，才能知道楼上的情形，所以乘客只能被各种标识指引到这里或那里，一步步找到最终目的地（图 5-3）。如果能像法国 CDG 机场那样，在建筑结构上确保上下层之间能够互望，肯定会容易理解得多。图5-4所示为 JR 山手线的田端站，建筑结构就很合理。如果 JR 新宿车站能够确保这样的互望水准，每天将有上百万的乘客会因此受惠。

图 5-3　JR 新宿站从站台眺望南口大厅

图 5-4　JR 田端站从站台眺望出口方向

虽然 JR 新宿车站这样糟糕的公共空间并不少见，但作为乘客数量世界第一的车站，日本最具代表性的铁道公司 JR 东日本一直以来都引以为豪，这样的车站难道不应该建造成为模范的公共空间吗？

⁺ 超越识别界限的复杂的关键词

作为拥有 14 条线路，到处分散着互望性糟糕的地上空间和容易迷路的地下空间的 JR 新宿车站，如果依然像现在的铁道公司那样随意发展，根本无法形成一个容易理解的标识系统。如果真想建成一个外国访客希望看到的导向系统，就必须如同纽约州的 MTA 或者汉堡市的 HVV 那样，通过一个视角涵盖首都圈整体的机构，从线路名称开始，对整个导向系统重新进行探讨。

对于外国访客来说，中央本线、中央快速线、中央·总武线（各站停车）的差异是极难理解的。京王线和京王新线、北大江户线和西大江户线的差异也相当难理解。不只是外国访客，绝大多数日本人在车站乘车过程中也常常是心怀不安的。目前已经有很多铁道公司在使用字母和数字作为车站符号，其实可以再进一步，实现线路名称的通用化。

JR 的十多个检票口也被赋予了很多莫名其妙的名称（图 5-5），如"中央西口"和"西口"，目的地究竟有何区别呢？"新南"指的是什么方向呢？这些名称虽然使用了有内容的汉字，却放弃了其含义，只是单纯地作为记号来使用。真是到了需要彻底整顿的时候了。如果再加上其他公司的 7 条线路，车站出口的名称怕是要成谜语了。

从历史上看，JR 东日本的新导向标识最初出现在 JR 新宿车站是 1988 年的事情了。在此之前一直杂乱地悬挂着老旧的显示器，由于新标识系统的使用，整个车站仿佛在一夜之间替换上了富有现代感的外套。直到今天，依然能看到当时部分标识的影子（图 5-6）。

图 5-5　JR 新宿站站台上的出口导向标识（换乘专用口没有表示）

图 5-6　用色彩区分线路的乘车指引

图 5-7 为南口大厅，左手向下是 10 趟列车的站台。1988 年车站整顿时，向下的入口处整齐地排列着 10 个站台和列车行进方向的标识（如果在照片上显示，应该是 9、10、11、12 等站台标识，分别设置在各自的入口处）。不知从何时起，变成了现在的 9 与 10、11 与 12 合到一起写在标识上。原先整列标识所传递的"乘车入口"地点的功能，因为这种书写方式而消失了。

图 5-7　南口大厅的站台台阶口附近

　　图 5-8 为地下一层的北通路，2000 年左右设置了这些标识。像这样让人感到不愉快的标识也很少见。可能是因为顾及乘客的抱怨，才将这些标识做得如此显眼吧，内照式标识接连不断地反复设置在低矮的天井上，都快要挨着头顶了。刚安装上去的时候，亮得让人睁不开眼，标识上的信息反而无法看到。如今却完全反转过来，照明干脆被关掉，最终变成如此惨淡的空间。

图 5-8　北通道的照明兼导向标识

2. 搞错重点的乘客服务——JR 名古屋车站

+ 放弃可视化的车站大厅

日本也有过几段时期，从城市规划的视点出发，对铁道车站进行整顿。明治末期建设的万世桥站、中央停车站（现在的东京站）、鸟森站（现在的新桥站），昭和初期建成的兵库站、三宫站、神户站、大阪站、名古屋站等。每个车站都铺设了高架桥，形成了车辆交通与地面铁路的立体交叉。

其中，1937 年建成的名古屋站，在空间构成上是一座非常出色的车站。出票室（售票处）、食堂、候车室、大厅等都集中设在高架桥下的一层。与东西街道相连的大厅在建造时就是能自由穿行的。站台建在二层，乘车与下车的动线被明确地区分开来，南侧的中二层为乘车通道，北侧的中二层为下车通道，都与大厅平行又独立展开。

如今已经变得非常复杂的名古屋车站，依然维持着大厅的自由通行状态，乘车通路现在变为检票口内的中央联络通路，下车通路则变为北侧联络通路。很可惜，从马路上仰望名古屋车站，再也无法分辨出它的内部空间构造了，只能看到两幢塔楼和百货商场并立在那里（图 5-9）。

图 5-10 是从距离樱花路较近的售票处向中央检票口方向望去的景象。从早到晚，来往的人群都相当密集，根本看不到检票口的位置。1995 年中央塔开业时，车站的内部装饰也一起翻新了，之后又改装过天井和廊柱，然而这次改装完全没有考虑过如何能"展示出车站的功能"。

名古屋站于 1999 年改装后，连续不断的长条照明和附上灯箱广告的圆柱，打造出令人印象深刻的空间。而第二次改装后，突出的则是右侧方柱上的电子广告板（可播放广告视频）和左侧检票口两侧的"名古屋美食街"
（中央通路的地下饮食街）的入口。

图 5-9　JR 名古屋站外观

图 5-10　从大厅中央检票口看到的景象

　　日本各地的国家铁路，对于国铁与地域交通之间的顺利换乘，虽然说
不上无动于衷，但基本上是不关心的，就算国铁改为民营 JR 后依然没有什
么改善。

图 5-11 是名古屋站中央大厅的地铁东山线换乘时使用的出入口，图 5-12 是法国国铁的里尔站中央大厅的地铁换乘口。由图 5-11、图 5-12 可以看出，名古屋站要出去换乘，里尔站在站内换乘，前者是日本的标准方式，后者是欧美的标准方式，但是无论哪种都称不上便捷。

图 5-11　JR 名古屋站地铁换乘口

图 5-12　法国国铁里尔站的地铁换乘口

⁺内部企业优先的导向标识

图 5-13 是 JR 名古屋新干线南口前的景象。上方的标识却没有标出地下铁、近铁、名铁等对于乘客来说必不可少的换乘信息，反而是"名古屋 Marriott Associa 酒店"和"JR 名古屋高岛百货店"的方向指示信息。

图 5-13　JR 名古屋站新干线南口前的标识

名古屋站一天的乘客流量总数为 120 万人，其中地铁乘客为 35 万人、近铁有 11 万人、名铁有 27 万人，应该有为数不少的乘客需要查找换乘的路线。实际上，在这个标识的背面写着换乘指南。但是乘客一旦通过检票口，还来不及查看换乘指南，就会被人流夹带着涌向其他地方，就算能看到换乘指南，也会被绿色的避难指向灯所遮挡。

图 5-14 也同样，酒店的名称写得很大，近铁线、名铁线的名称用小字写在标识的右侧。看来这个车站的信息表示标准，不是优先表示换乘信息，而是优先表示 JR 的相关设施。然而对于铁道车站来说，换乘信息的重要性是不言而喻的。

图 5-14　近铁线·名铁线联络通道的标识

如图 5-15 所示，一连串的标识真是把人搞得一头雾水。乍一看完全搞不清哪些信息是相同的，哪些信息是不同的。所有标识用的是同样的图形符号，只是旁边的文字有所不同而已。第一个标识上写的是"新干线"和"自动售票机"，第二个标识上写的是"自动售票机（新干线·在来线）"，第三个标识为"自动售票机"和"新干线"。现在可以明白了，这个图形符号是用来表示所有与新干线相关的信息，但是旁边的文字却完全起不到指引乘客行动的作用。此外，虽然只有第二个标识板上写着"在来线"的售票位置，实际上，"在来线"的车票在所有自动售票机上都可以购买。这样表示的意义实在让人不解。

然而最大的问题是，这许许多多整列排布的标识，反而让空间概念变得模糊不清了。这正是前面提到的内装方式引起的。此处空间，不仅是行人来往的通道，在宽大的大厅中还设置了与检票口相对应的购票处（图 5-16）。不论是人工窗口还是自动售票机，都是聚集人群的场所。

在人群聚集的地方设置了相应的功能，如果在内照设计中将这样的空间概念表现出来，就不需要使用现在这样的标识设置方式了。通常情况下，标识设计会受到空间的制约。

被立柱上的电子广告板弱化了的车站空间功能，只能通过如此杂乱的标识来弥补。此外，这么多的标识却没有准确传递出信息，这样的标识设置手法是否妥当，也值得商榷。

图 5-15　新干线·在来线售票处的标识

图 5-16　从大厅眺望售票处的方向

3. 尚未完全达到一流的空间设计——JR 京都车站

⁺ 商业设施建设为课题

JR 京都车站北侧的建筑（车站大厦）于 1997 年竣工，这座大厦最大的成就是向现代日本社会证明了：就人群聚集的公共空间来说，建筑内部空间的大小比建筑外观更能让人们感到满足，就像古代佛堂那样。站前广场上这座高 60m、长 470m 大厦的内部，呈现为东西向开放式的穿堂通道，车站大厅位于这个穿堂通道的最底部。

图 5-17 是向西眺望的景象，这段大台阶的下方有一座十一层高的大型

图 5-17　JR 京都站中央口的西侧天台

商场。图5-18为向东眺望的景象，照片右侧车站大厅的上方有一座十五层高的酒店。站在车站大厅，所有人都会不由自主地抬头仰望这座东西向开放的空间建筑；同时，会从内心由衷感慨，终于来到了京都，这座历史与文化都不同寻常的城市。

图5-18　JR京都站中央口的东侧天台

　　顺便提一句，沿着商场建筑铺设的大台阶下面的内部空间也颇为有趣。店铺内部电梯追随着大台阶的走向，从二层到十一层，电梯呈现为一条直线，让人们对购物充满了期待。

　　再来审视一下车站空间，令人遗憾的是，车站大厅在平面空间上过于狭窄，尤其是站前广场的纵深度不够（图5-19）。一到观光旺季，大厅里到处是行李和旅行团队，乘客必须不断绕行，有时还会被挤到没有屋檐的广场上，失去不少旅行乐趣。

　　这座车站大厦是以"纪念平安建都1200年"，以及成为复合型交通枢纽为目的建造的。如果以百年或千年的标尺来衡量京都车站设计的话，从路线到站台、大厅等，车站的重新构筑仍然不具备城市规划的整体视点。该建筑虽然实现了部分车站功能，但是站台空间却没有整修，建筑的重点都放在车站与商业设施的结合上了（图5-20）。

图 5-19　车站中央大厅

图 5-20　车站内部从跨线桥眺望站台

不出意外，不管乘客是出发还是到站，依然要通过上下移动才能到达目的地。与此同时，换乘地域交通设施的难题也没有被一起考虑，只能留到以后去处理了。

⁺ 车站大厦问询中心的公共标识

JR 京都车站位于市中心的南端，许多游客都是以该车站作为移动的起点和终点。乘坐新干线和近铁的话，要先上到二层，经南北自由通道，再下到中二层，从各自的检票口进去（图 5-21）。

图 5-21　车站大厅的台阶及扶梯上行口

这段台阶和扶梯上面的标识（图 5-22），以及上到二层左转后自由通路上悬挂的标识（图 5-23），都称得上是公共空间标识设计思想的反面教材。

如图 5-22 所示，台阶和扶梯上面左侧的两排标识，标注着"二层南北自由通路"，同时标明，从这里可以去 JR 线西口、新干线中央口、近铁电车、八条西口、"时之灯"（候车室）、京都综合观光服务处、车站大厦问询处等，右侧两排标识，标注着"贯穿二层到十一层的车站大厦南侧电梯"，同时标明，从这里可以去美术馆、车票事务所、京都府国际中心、HEART　PLAZA　KYOTO，并标注着"上面有美食街、大空广场、大台阶、室町小路广场"等。而在图5-23中，左拐后的南北自由通路上的标识内容，是在重复图5-22中左侧两排标识和右侧一排标识的内容。

图5-22　台阶及扶梯上行口的标识

图5-23　南北自由通路的出口标识

仔细观察这些标识内容就会发现，标识制作者是以车站大厦为中心，以南北自由通路、车站大厦南侧电梯、美食街为轴线设计标识的。不管谁是管理者，这样一个每天有 10 万客流量规模的交通枢纽，就是实际意义上的公共空间了。这里是通往车站南侧的必经之路。

在一个功能过于复杂的建筑设施内，游客就别想一眼就能看到想要乘坐的新干线、近铁、八条通以南的街道了。在这种空间信息不足的情况下，标识应该起到补充的作用，将空间整体的框架、街道的方向展现出来，而不应该无视多数人的需要，只顾着宣传自己。

这些标识不仅在内容的选择标准上有缺陷，还存在着标识内容过多、文字过小的问题，阅读起来很困难。那些找不到路的行人如果停下来仔细阅读，又会被后面上来的人撞到。

图 5-24 是南北自由通路中段上 JR 在来线检票口附近的标识。这个标识的表现方法相当含糊不清，如标识上没有写"在来线"而是写着"JR 线"，明明写"在来线"的话，更容易与"新干线"区别开。"新干线"几个字写得非常小，而大部分行人都是从远处走过来的。"八条西口"通常会被理解为"八条通西侧的出入口"，但实际上八条通是东西走向，这里指的是车站西侧的出入口，只不过面对着八条通而已。

图 5-24　南北自由通路上的导向标识

4. 狭小的空间与过度的表现——东京 Metro 车站

⁺ 看不到空间构成的车站结构

东京地铁有限公司（东京 Metro）成立于 2004 年，是日本国家政府和东京都共同出资设立的一家特别的公司，全面接手了帝都高速度交通营团（营团地下铁）的资产和业务。截至 2014 年，东京地铁有限公司管理着 179 座车站，其中只有 7 座车站是公司民营化后增设的，大部分车站都是建于营团时代。

本书第 2 章曾经谈到，东京地铁为了应对首都圈的人口密度，曾在 20 世纪 60 年代高速发展建设新的线路，但当时管理者们完全没有精力从乘客的角度去考虑车站的空间构成。另外，由于当时土木工程部门掌握了整体铁道建设的主导权，建筑部门只负责内部装修工程，这也是造成使用者被忽略的一个原因。土木工程部门的关注重心都集中于隧道工程，对于车站构造的设计没怎么花费心思就定下来了。

图 5-25 是从地铁半藏门车站的检票口向下去往站台时，站在楼梯中部看到的景象。东京地铁的许多车站都是这样，楼梯被两侧的墙壁所遮挡，看不到站台的样子。再加上墙壁上使用石材金属等装饰材料，经常产生回响。每当听到列车进入站台时发出的巨大声响，乘客往往会慌忙跑下站台，而到了站台后才发现，原来是反方向的列车。如果像图 5-26 那样，在台阶上就能看到上下空间的状况，会大大减缓乘客们的压力。

图 5-25 半藏门车站的站台台阶

图 5-26 慕尼黑地铁站台景观

图 5-27 是 2007 年重新整修后的银座线·半藏门线的表参道车站站台。车站在经过多年的使用后一度变旧发黄，现在终于变得干净整洁了。然而遗憾的是，整修过的只有车站的内装材料，乘客下车时，视线依然被柱子

遮挡，看不到出口的位置，只能半信半疑地跟着人群移动，无法做出快速准确的判断。

图 5-27　表参道车站站台景观

图 5-28 是半藏门线大手町车站站台上的景象。乘客的视线里充斥着越来越大的悬挂标识、立地标识、售卖商铺等，利于远望的视野越来越小了。当然，站台上走动和等车的空间也被缩小了。可以肯定地说，这些年来，给乘客提供的站台空间质量在不断变差。

对于东京 Metro 的空间构成，特别需要提到的是，车站出入口的开放化。

港区的泉花园车站于 2002 年竣工。与此同时，南北线六本木一丁目车站的出入口也被一起整修了。图 5-29 展示的是车站地下一层的检票口，直接通到照片右侧泉花园车站里的下沉花园，是商业大厦和艺术画廊等再开发区域的入口。

图 5-28　大手町车站站台景观

图 5-29　六本木一丁目车站的大低洼花园出入口

　　图 5-30 是京桥站三号出入口，通往 2013 年竣工的中央去东京花园广场的下沉花园，照片后方是检票楼层。这两个例子可能都是再开放区域自行申请改建的，但总算实现了图 3-14 的居住改善方案。

图 5-30　京桥车站低洼花园的出入口

⁺被企业广告占据的信息源

　　团营时代与东京 Metro 相比，标识使用上最大的不同在于标识的表现形式。丸之内线为红色圈、千代田线为绿色圈、乘车场所用白色作为底色。与之对应，东京 Metro 如图 5-31 所示，使用深蓝色作为底色。这是因为新组建的公司标志就是用的深蓝色作为底色。由于深蓝色底色上还要绘制蓝色和深蓝色的圈，所以在底色和标识之间又增加了白色四边形。圈的中间加进了字母，与图 2-8 相比，就显得过于复杂了。

　　像图 5-31 这样，一旦字数再增加的话，排版就相当困难了。最重要的是，三田线和丸之内线紧挨着放在一起，它们本来方向相反，但是从标识方向指示上看，却像是一个方向。当两个元素紧挨着放在一起时，在认知心理学中，属于群化现象，很容易被归为一类，必须要分开足够的距离，否则看不出它们的区别。

　　图 5-32 为东京 Metro 的典型出口指引标识。可以看出，地铁民营化以后，所有地铁出口和周边导向标识的表现形式都被统一了。与前述图 2-10 的表

现方式相比，图 5-32 中标识的导向功能被大大弱化了。

图 5-31　东京 Metro 典型乘车站台指引标识

图 5-32　东京 Metro 典型出口指引标识

　　首先，地图的表示区域增大了，但表示面积却被减少，文字也变小了。之前展示的是道路导向图，现在却被企业和商铺的导向图取代，支付了广告费的广告主——公司、医院、花店等的名称，用红色字醒目地表现出来。与此对照，没有付费的设施用的是灰色字，字号也小了一号。最终造成很多乘客在地图上找不到目的地的局面。

其次，车站周边设施导引的黄色标识也很糟糕。虽然标识上的内容已经尽可能地用大字来表示，但仍然需要站在标识面前，停下来阅读。刚开始地铁民营化时，标识上的信息曾涉及付费表示，所以很快多出很多信息，虽然后来付费制度被取消了，但曾经在地图上出现过的企业名称却难以剔除，最终导致标识上的信息量过大，不熟悉周边情况的乘客往往读取困难。

5. 不知道为谁服务的车站设计——东急东横涩谷车站

⁺ 剥夺了行人视线的地下化

　　由于东急东横线和东京 Metro 副都心线在涩谷站相互直通运行，东急东横线涩谷车站于 2013 年 3 月从地上二层转移至地下五层，成为 2004 年横滨站地下化的延续。

　　曾经的涩谷车站是港湾式站台，高大的天花板仅仅被一列铁柱支撑，却覆盖了 5 座站台，视线通透，通风良好，也很利于观赏外面的景色。

　　我常常要经过这条线路，对于新车站真是失望不已，身边的朋友也都颇有怨言。新车站不仅变得更加拥挤，换乘方法和出站方向也变得难懂起来。站台上被粗大的柱子和台阶、电梯、自动扶梯、座椅和标识占据着，步行空间和候车空间相当局促（图 5-33）。

a)　　　　　　　　　　　　　　b)

图 5-33　东急东横线涩谷车站地下站台

如前文所述，或如图 5-34 所示，让建筑结构清楚地展现出来，是国际交通设施的基本设计原则。据说涩谷车站整修时，建筑家参与了公共建筑部分的内外设计。但为何会无视公共空间设计的基本原则呢？早晚高峰时段这里尤其拥挤，乘客们被堵在台阶墙边动弹不得，为了争抢座椅、倚靠柱子，还会发生争执。这样的场面，每天都会在数万乘客中不断上演。

图 5-34　慕尼黑中央车站

　　Hikarie 展览馆方向的两个检票口处，被巨大的椭圆形胶囊所覆盖，两层之下的站台天井是它的底部，表现的是"地心深处都市文化的创造基地"的"地宙船"。负责的建造商在网络上介绍，这个作品共有 4020 个组件。

　　图 5-35 是从胶囊的检票口所观看到的景象，据说是以从地底浮上来的宇宙船（又称为地宙船）为造型来表现的。不知道设计师有没有考虑过被混凝土大船关起来的乘客的感受。在乘客动线的汇集点，玩"文化创造"这种概念，在我看来，建筑家就没有想过从乘客的角度去考虑问题。

图 5-35　从 Hikarie 第二检票口可以看到"地宙船"的前端

　　图 5-36 是从东横线、副都心线换乘田园都市线·半藏门线的连接通道。车站整体的内装都统一由浅灰色金属墙面、铝制板材的天花板和灰色地面所构成。标识和广告则使用相对强烈的色调。由于全程都看不到风景，很多乘客都抱怨说，在看不到尽头的通道上行走实在过于单调乏味。

图 5-36　东横线·田园都市线之间的换乘通道

地铁之所以难以辨别方向，是因为地铁整体都建在地下，无法观测到地铁的外观。与此同时，这也意味着失去了风景。风景是人类与外界信息交换的必要资源，一旦被关闭，必然会产生不快感。

所以，在资金和造型上尽可能多地投入，即便在地下也有宽阔的空间和风景，才是车站设计优先要考虑的课题。这也是检验地铁项目总管的设计视点的问题。

+ 记不住的图形标识

如果空间设计自身无法传递出场景的特点，就需要用标识设计来尽力补救。尤其是对单位面积比较小的空间，需要从使用者的视认性角度出发，设计出容易理解的标识体系（图5-37）。

图5-37　从Hikarie第二检票口去往副都心线的楼梯间

有很多乘客抱怨，"涩谷车站的导向标识太少了，换乘起来特别困难"，但事实是车站中的标识多到泛滥的程度，为什么还会出现这样的指责呢？

换乘信息的标识有悬挂式和壁附式两种。由于悬挂式标识提供的信息量多但体积小，造成标识中的文字过小。老年人和视力弱的乘客，读起来就会非常困难。这本是常识，却往往被设计者忽视。停车站指南图上也常常出现这种情况。

　　壁附式标识附着在地面到天花板的墙壁中，用强烈的线路色表示出来，其中线路的标志被放大强调。由于壁面是浅灰色，这个彩色的标识板显得非常醒目。然而壁附式标识上的表示文法与悬挂式标识上的不一致。这种情况下，即便色彩醒目，换乘信息却不一定能被乘客认出来（图 5-38）。

图 5-38　利用换乘通道中的柱子做的壁附式导向标识

　　田园都市线被标注为"DT"、东横线被标注为"TY"，这些称呼能否被理解，令人怀疑。从发音上来说，对于日本人来说，"DT"和"TY"并没有什么实际含义，是很难唤起记忆的，很可能只是把它们看作是一种图案。对于外国人来说，这种线路标志也同样难以发挥作用。某一段线路上连续出现的"DT"和"Z"，这样的名称具有明显的区域性，而不是通识性的称呼。前文曾提到，相互直通运行的伊势崎线、半藏门线、田园都市线整体使用了简洁的符号，对于任何国度来访的外国人来说，都能马上理解，像这样重新构建标识系统，才是应该与铁路网络化同步进行的工作。

图 5-39 是该车站标识设置较为极端的状况。原本有十几米的墙面用来放置标识，结果被不断地追加上各种信息，如今都不知道该看哪里才好了。

图 5-39　Hikarie 第一检票口周边地图指南

如果说这里原本是想建设成为一个地下城市，那么即便是地下也应该建出宽阔的广场（集合地）和从远处就能看得到的街道。在这样无法通视的狭窄地下通道中，只能是沿着标识往前行走，根本就是无视人们的基本需求。

图 5-40 所示地图是那么杂乱，让这样的地图出现在公众面前，本身就是一种失礼的表现。

图 5-40　车站周边地图

第 6 章
未来的车站设计

　　上图照片是赫尔辛基理工大学走廊的一角，充满质感的长椅、光线、景色，让室内的时间感与空间感变得更加丰富。学校和车站正是让人们都能感到舒适满足的场所。本章将深入讨论如何设计舒适的车站空间。

1. 车站设计的核心

⁺公共标识的设计理念

　　相对于私人的住宅空间，人们多半认为车站属于公共空间。那么如何理解"公共"的概念呢?

　　首先请看图 6-1。

　　人民通常意味着普通大众。从图 6-1 可以看出，同样是人民，从某个角度看是公众，从另一个角度看是民众。

　　公众，意味着共同在一起的人们，在共通的开放的场所中，认可相互存在的人们。对这些人来说，自由、平等是最为重要的，每个人都具有不可侵犯的基本人权，同时要照顾到大家都能舒服的相处（建立公共福祉、每个人都感到幸福、事情能顺畅进行）。所谓的公共设计，是以公众为对象，要做到让处在同一场所里人们都能过得自由舒服，不会让任何人感觉到只有自己无法享受到服务。

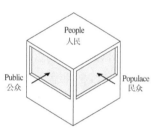

图 6-1　人民的两个侧面

　　民众是公众的另一侧面，也就是"个人构成的人们，大众"。民众里的每个人都有自身的隐私甚至秘密。

　　对任何人来说，隐私所关心的最重要的事情，就是感情与欲求了。人们根据对事物的感受，产生快乐或悲伤，生成好恶，涌起愿望或欲望。随后导致某些行动或行为。

　　如有时我们在商店里看到非常漂亮的商品，会产生购买欲。为此，我们会坚持存钱，然后果断地买下。此时的快乐能让人一跃而起，这种场景正是感情和欲求所导致的。

了解人群的购买动机，捕捉市场动向，提供能销售出去的产品和服务，制造出与消费行动相关的商品，是市场营销的基本思考方式。也就是说，市场营销是把捕捉民众的感情和欲求动向作为最大的课题。同样都是人民，着眼的对象，与公共设计的关注点完全不同。

在市场营销领域，以销售为目的的产品设计和形象设计比起公共设计，显然具有更大的设计范围。甚至通常人们都认为设计就是以市场为目的的。虽然建筑设计、城市设计会被当作公共设计，但仍有大量的建筑设计作品和城市规划是从市场的角度出发的。

从市场的角度进行设计，最大的问题在于设计对象仅仅是客户而非所有人，不花钱的人就不会被视为设计对象。像车站这种需要顾及许多人需要的场所，是无法用市场营销的观点来做设计的。

在第 2 章介绍的横滨车站的项目中，有这样一个实例。

横滨车站集结了 6 条线路，当大家在讨论设计面向所有人的所有线路信息的通用标识时，站在 JR 东日本横滨支社立场的人说到"东急线是 JR 线的对手，给对手做指引的项目，不想给予合作"。这就是以狭隘的、以竞争为目的的市场营销理论为前提来考虑设计的。

东急线的乘客乘坐 JR 线电车过来换乘，这本是自然而然的事，市场营销者的思路颇有问题。然而偏偏由这样的领导出面，导致现场无法协调，施工由此搁置了几年，最终造成无法提供必要的公共信息的局面。

由于营团地下铁大手町车站标识系统非常成功，之后推出了相关的设计指南。当时，营团理事面向全国地铁免费发放了足有 5cm 厚的指南，并建议"在全国统一车站导向系统的话，更有利于乘客的理解，请务必使用该指南"。拿到该指南后，京都、名古屋、福冈、札幌等地的地下铁陆续导入了该标识系统。从这个小插曲可以看出，当时的铁路负责人都认为将公共设计的思想公开给大家，是理所当然的事情。

⁺ 整体设计

如第 1 章所述，铁路车站包含了车站出入口、检票口内外大厅、售票处、站台等多个单位空间。空间构成规划就是组织这些单位空间形成相互的连续关系。

人们通常认为，车站空间是由地面、墙壁、天花板等构成要素来展现出形态的，但事实上，这其中还包含了各种各样的物品。如手扶电梯、直行电梯等升降设施，厕所内的卫生设施，以及导向标识、电子显示屏、商业广告、检票机、售票机、座椅、商店等。同时包含了空间照明、物品的大小和形状、色彩、材质等。

为了将车站打造成一个令人感到舒适的地方，在进行空间构成规划时，必须考虑空间内出现的物品的形状、大小、色彩、材质等，让它们呈现出整体的平衡感。因为人们会对车站进行整体的观察，形成最初的印象。

物品的形状和大小、色彩、材质都是依靠光源呈现的。根据光源、光的颜色的不同，物品也会呈现出显著的变化。光源通常分为自然光和人工光源（照明）。照明除了具有呈现出物体的作用外，还能触发观者的感觉和感情反应。

众所周知，不同的色彩能够唤起多种感情。暖色与冷色、兴奋色与平静色、前进色与后退色等，这些叫法，从名称上就能看出色彩的效果。而石头、金属等材质，虽然表面不会被上色，但是由于光的反射而呈现出的表面色，以及由于光的透射而呈现出的材质的内部色，这些色彩复杂交错着，又能让人感受到色彩的深度。

如此这般，凡是进入到人们视线的所有物品，与其外观相关的所有要素都被考虑到的规划方法，被称为整体设计。当我们进一步思考时，会发现还潜藏着更深层的整体设计课题。

如商业广告的存在，常常会打破本来已经规划好的空间秩序。商业广告作为铁路公司盈利的重要手段并不能被随意地舍弃，因此，我们更期待能够有高质量的、容易获得好感度的广告设计。

公共空间对于个人欲求有着很强的制约性，并不是有钱就能随意放置各种物品。公共空间最需要的是能够让所有人都能感到舒服，只有能满足这种条件的赞助商才能被允许让他们的名字出现在大庭广众面前。

售票机和检票机都是和人们的使用感受关系密切的机器。以前的售票机功能单一，只是放入等额的硬币，机器就马上出票而已。因此票价体系越简单，机器和信息也就越简单。

德国的地铁站里则干脆不设置售票机，出于对乘客的信任，检票口的闸门也不再使用了。因为检票是一种令人产生压力的管理方式，所以被废除掉了。

⁺ 设计的检讨体制

1972 年开通了横滨市地铁站，建筑师高桥志保彦在地铁开通后曾在《新建筑》（1973 年 5 月）上检讨道，"与其说我是空间设计师，不如说我是个化妆师"。

30 年后开通的港未来线马车道车站的设计者——内藤广曾指出，"当建筑师参与车站设计时，建筑物已经定型了，更多的是考虑如何给车站化妆的事情""这种建造方式，让建筑师无法发挥其建筑能力"（《车站再生——空间设计的可能性》）。

可以说，经过那么多年，车站的建造方式并没有发生什么改变。

日本车站建造方式的最大缺陷在于没有形成一个综合考虑人与环境的检讨体制，土木工程部门只考虑构造，建筑部门只负责内装。就像第 5 章介绍的那样，东急东横线涩谷车站建设得惨不忍睹，这可以算是一个原因。而建筑师们没有争取就放弃了社会职责也是有过失的。

土木工程部门通常要进行全长十几千米的轨道和隧道施工，区区两三百米的车站工程，常常是一口气就设计出来了。这时的参考依据往往是标准化的车站构造，但是这种标准并不一定就是好的设计，事实上这种标准还往往成为后期导致混乱的根源。

设计都营大江户线饭田桥车站的渡边诚表示，建造者最关心的是过去曾使用过的标准和造价，最好不需要什么维护，车站能够正常使用就已经可以了。在这 50 年之间，大多数铁道公司对于车站的建设，都是以土木工程为中心，并没有关心过乘客使用的舒适性。

土木工程部门非常需要具有公共设计和整体设计思想的人才。车站空间构成的好坏，对乘客的幸福感具有决定性的影响。可以肯定地说，日本铁路公司需要进行不可避免的机构改革，回归到用户体验上。

2. 空间构成的方略

+ 减轻压力

大城市的大型车站和地铁站等，规模大且以人工环境为主。以下几种空间构成的方式可以缓解这些车站造成的压力：①导入自然光；②可以观看到外界的景色；③让人感觉地下车站和地面是连接着的；④让车站尽量开放；⑤保留方向感；⑥尽量争取更大的空间规模等。

1）适度的自然光具有调节荷尔蒙的分泌和血液浓度，促进出汗等健康生理反应，抑制心理上的不安和抑郁等作用。可以认为，自然光的采光方式是创造舒适空间的第一步。地下案例可以参考第3章介绍过的仙台地铁，设置空干区（图3-7）；地上案例则可以参考伦敦国际列车站，采用天窗采光（图4-4）。

2）地下工作人员在调查问卷中，曾指出"外面发生了什么都不知道，因此而感到不安"的问题。即便是地上车站，如果是封闭空间，也被指出存在同样的问题。外界的景色，如天空、树木、建筑、标识、红绿灯、汽车、人群等，都传递出了自然景象和社会动态，理所当然具有其重要功能。基于这种想法，仙台地铁设计出了阶梯式庭园（图3-1），东急Metro六本木一丁目站和京桥站的低洼花园受到好评（图5-29，图5-30）。

3）由于地铁站埋于地下，人们是无法知道其确切位置的。地上与地下的高低差本身就会阻碍顺畅的移动。如果想让人们感到地下车站与地面连接在一起，除了可以采用前面说过的低洼花园的方式，还可以尽量扩宽车站出入口，尽量抬高出入口的天花板，让植物等地上景观在地下也能看到。

4）所处的空间越狭小，人们会越觉得闭塞。为了避免产生这种感觉，要尽力避免使用四处林立的立柱，或者把柱子做得比较细，不要设置太多墙壁阻碍视线，隔断尽量放大开口（镂空或挖开），或者使用玻璃等透明材质。

5）想要保留空间方向感，可以让单位空间沿着移动路线简易排列。楼梯部分特别容易丧失方向感，要尽可能不设置墙壁，让人们能了解整体空间分布。

6）像纽约中央车站（图4-34）那样，具备开阔的空间，也会感觉舒适。这种感觉一如我们热爱户外的天空和广阔的大海。如果室内和室外都较为拥挤，肯定还是会觉得室外的压迫感比较少。像车站这种售票处和检票口人潮聚集的地方，设计空间规模时，必须要考虑到相应的客流量。港未来线马车道站的检票厅就是很好的设计案例（图6-2）。

图6-2　马车道站的检票厅

⁺ 提升车站魅力

提升车站的魅力，有如下方法：① 给每个车站制造特有的氛围；② 表现该地域特有的主题；③赋予每个单位空间氛围的变化；④ 站台设置透明门；⑤ 与其他交通方式复合化；⑥进一步地无障碍化等。

1）如果某条线路上，每个车站都充满个性，各自的空间都洋溢着活力，对于乘客来说，也是一种快乐的体验。华盛顿 DC 联合车站就是个好例子（图 4-26，图 4-27）。车站具有个性，非常有利于识别。

图 6-3 是 1996 年开业的临海线国际展示场站。鉴于东京 Big Sight 展示场会聚集大量人群，该车站修建了前所未见的宽阔高挑的大厅。从天花板上垂挂下来的是精心设计过的印有车站代表图案的挂旗，乘客可以一边走一边愉悦地欣赏。

图 6-3 国际展示场站的大厅

2）每个地域都必然会有其地形特征、城市环境特征、历史特征等。如果这些特征能够用于车站设计中，就再好不过了。当然如果没有适合用于车站造型上的素材，也不用勉强为之，不显得突兀更为重要。

3）如果过于强调一个空间的统一性，容易使人感觉到压迫和无聊，因此要注意不要过于同一化。最好能制造出"聚集空间"或"流动空间"等空间构成，让每个单位空间都有一定的变化，如单个空间的大小变化、形态变化、色彩变化、物品大小的变化、材质变化等。

图 6-4 是临海线东京 Teleport 车站的地下站台。站台的一部分从天窗导入自然光，光线倾泻下来后，与人工照明的部分形成对比，构成了非常美丽的空间。

图 6-4　东京 Teleport 站站台

4）伴随着无障碍化政策的推进，近年来，城市铁路中自动站台防护栏（为防止坠落，将站台首尾全部封上的防护栏，与列车门对应的位置可以开合）的设置日益增多。虽然可以避免坠落事件的发生，但也让步行空间变得更加狭小了。

最好能设置透明防护栏，既可以防止人们跨入轨道，也可以让乘客更加舒服地等待列车进站。尤其是地铁站台，很多乘客都抱怨说列车行进带来的风太大。在这点上，北京地铁做得非常成功（图 4-45）。

　　在日本国内，1991 年部分通车的东京 Metro 南北线率先引入了透明防护栏（图 6-5），与北京相比，这些防护门还设计了玻璃上的图案，充分考虑了使用者的感受。对面墙壁非常明亮，给人感觉很宽敞，配上图案则更有生趣。

图 6-5　南北线市之谷站的站台

　　5）建造车站要同时规划其他交通方式，可以参考图 5-12。

　　6）每个出入口都有电梯，通往站台的电梯要设置在主要动线上，电动扶梯要设有双向梯，这些都是高龄社会理所当然的需求。

3. 导向标识规划的侧重点

⁺ 线路名的通用符号化

在第 5 章曾指出，在 JR 新宿车站上，聚集着中央本线、中央线快速、中央·总武线（各站停车）等，很难识别。而在东急东横线涩谷车站，虽然也聚集着相互直通运行的东武伊势崎线（最近也被称作晴空塔线）、东京 Metro 半藏门线、东急田园都市线等，但由于所有线路都被赋予了简洁统一的符号，世界各地到来的乘客都能毫不费力地一看就懂，很多车站都应该构造类似这样的导向体系。

如今，首都圈的铁路网构筑得相当复杂，而现有的标识系统让情况更加复杂化。其根本原因在于，虽然整个首都圈使用同一个系统，但起名称时，却坚持使用自然衍生的地方符号（只有该地区才懂的名称）。

基本上，现在的铁路网络化，始于 1955 年运输省（现国土交通省）发表的《交通白本书》。书中倡议：①从路面电车转换为地铁；②强化城市近郊线路的输送能力；③实现市区与城郊相互直通换乘，设置城市交通审议会，讨论具体解决方案。随后在 1970 年确定了东京圈都市高速铁路网，其中提到了 9 号线——喜多见—绫濑；10 号线——调布—东大岛；11 号线——二子玉川园—日本桥室町等。

可见东京圈铁路网原本是超越铁路公司之间的界限，覆盖整个首都圈的。如果把现在的东武线到东急线（中间还夹着东急 Metro 半藏门线）全部整合起来，合为 11 号线的话，会好懂得多。

接着来看 JR 的问题。

中央本线行驶于东京（东京都）—盐尻（长野县）—名古屋（爱知县）之间，是一条连接城市与城市的铁路。中央线快速行驶于东京与高尾（东京都八王子市）之间，中央·总武线（各站停车）行驶于千叶（千叶县）—御茶水（东京都）—三鹰（东京都三鹰市）之间，都是联结首都圈内各地的铁路。

以前日本国铁（JR 的前身）会根据运送人员的不同，将线路分为主干线和地方交通线，并采用不同票价制度，JR 好像也沿用了这个系统。先不考虑票价制度。JR 以乘客移动规模来区分线路，每条线路说明起点与终点，对乘客来说当然比较好懂。

因此，中央本线属于"城市间铁路"，而中央线快速和中央·总武线（各站停车）则同属于"地方铁路"。另外，JR 所拥有的新干线，在法律上属于高速主干线，但实际上应该归为"新干线铁路"。而大城市里面还可以追加像前述 11 号线的"都市圈铁路"，涵盖 JR 线以外的地铁和近郊铁路。

那么，与地域符号相对，就是通用符号了。通用符号指的是世界各地的人们都能理解的符号。在当今世界，英文 26 个字母和阿拉伯数字，在世界范围内被大多数人所理解。同时，可以用色彩作为辅助手段。

用在表示线路符号的色彩在数量上有一定的局限性。我在设计营团地铁标识时，当时曾计划修建 11 条线路，虽然使用色彩作为线路导向，但是必须和文字配合一起使用。现在华盛顿地铁和斯德哥尔摩地铁等，虽然只用色彩来做线路导向，但是它们只有 6 条和 3 条线路。

英文字母用作符号的话，有 26 个之多，且还可以生成更多符号。有调查发现，在日本，一个英文字母相当于七八个文字的识别范围，由此可见英文字母在日本社会的渗透程度和印象深刻度。此外，阿拉伯数字的理解度更为广泛，甚至可以使用两位数字。

在此顺便提一句，部分英文字母在日本被称作罗马拼音，在其他国家被称为拉丁文；阿拉伯数字则起源于印度，经过阿拉伯传入欧洲，因此被称作阿拉伯数字。

这让我想起了汉堡运输工会在 1965 年采用的方法（图 2-46）。他们将国铁用"S"、地铁用"U"来进行区分，如果将这种方法用到日本的首都圈，可以想到以下的方案：

如果所有线路都采用共通符号的话，那么，新干线铁路可以用"S"、城际铁路用"J"、地方铁路用"R"、城市圈铁路用"M"符号来表示。具体到每条线路，如中央本线可以表示为"J4 号线"、中央线快速为"J7 号线"、中央·总武线（各站停车）为"R8 号线"、东武晴空塔线·东京 Metro 半藏门线·东急田园都市线为"M11 号线"等。"S""J""R"等字母在日本铁路系统中已经使用了 50 多年，民众相当熟悉，"M"的使用时间相对较短，但确实是在世界范围内通用了几十年的符号（数字暂且不议）。

如果在首都圈地铁网中使用这样的符号体系进行导向，不仅日本人，世界各地的乘客应该都能得到非常清晰的信息。

然而，重新构筑这样的导向体系，仅靠一家铁路公司是远远无法实现的。只有铁路公司共同集中协调，才有可能实现。

只有在一个不受现有团体控制，能够发挥统率力的环境下探讨这件事，才有可能成为现实。就像统一运营纽约州地铁和地方铁路的 MTA（州立交通公司）。希望国土交通省能够痛下决心，彻底解决网络化后产生不便的混乱现象。

⁺ 多语言表示的问题

公共场所的导向标识上，除了日文和英文，标注有韩文、中文的例子也层出不穷。由于 2020 年在东京举办第 32 届夏季奥林匹克运动会，东京都政府和铁路公司就如何在导向标识上用多语言来表示，展开了讨论。

2006 年，国土交通省制定《公共交通机构之外语信息提供促进措施指南》时，我曾作为该检讨会的委员之一。以下是我的经验之谈。

简而言之，这本指南指出，多语言表示并不是关键，"信息的提供，要从通用设计的角度出发，将日文、英文、图形符号作为三种基本语言"。所谓图形符号，是用简洁的图形来表示某种含义内容（世界语言的一种），如像洗手间用男女人形来表示。

该指南也提出，"从服务的观点考虑，除了英文，如果还能提供韩文、中文等外文信息的话就更好了"。但同时提到，如果再加上这些语言，有可能让导向标识过于繁杂，因此要注意"不要让标识表示过于繁杂"。

在这个过程中，我去过很多现场，却没有发现一个标识牌为了用四种语言进行表示而增大了表示面积。而是将原有的日文和英文尺寸缩小，再放进其他语言。也就是说，标识的认读功能反而大大地降低了。

换一个角度考虑的话，如果这些标识降低了所有人的识别效果，应该没什么用处吧？在公共空间，对于从韩国和中国来的乘客来说，这种特别化的服务是否妥当呢？

首先来看看实际情况。

铁路导向标识中的常用语，包括普通名词用语，如"入口""出口""洗手间""售票处"等，以及专有名词表示的用语，如○○线、▲▲站等。普通名词可以用对方国家的母语翻译它的意思，但专有名词需要翻译的不是名词的意思，而是它的读法。

"入口""出口"等可以根据所处环境来传达它们的含义，用母语来表示的必要性并不大。例如，即便不懂"出口"这两个汉字的意思，有过一两次使用车站的经验，就能马上明白它的含义。从来没听说过有人在法国因为不知道"SORTIE"的意思，而找不到出口。

"洗手间""售票处"等用语，它们的图形符号在全球范围内被广泛使用。况且，即便不知道它们的意思，根据设施和机器等配置，人们也基本能猜出它是什么意思了。可以说，车站用语中的普通名词没有使用母语进行表示的必要性。

再来看专有名词。韩语属于表音文字，但其母音和子音的搭配方式与日文不同，还需要参考通用的拉丁文拼音才能发出日文发音。

专有名词翻译成中文时，可以把日本汉字用中国简体字来表示，但是发音完全不同。如"东京"的日文发音为"Tokyo"，中文发音为"Dongjing"，如果想知道怎么发音，就必须用拉丁文字来表示。

不管是韩国人还是中国人，车站相关的普通名词用英语和图形符号来表示就足够了，反而是专有名词的发音、制度、组合方式带来的复杂性更让人难以理解。其中，线路名称的发音可以用前面的方法解决，但专有名词的制度和组合方式，则必须用对方的母语进行解释，否则无法理解。

最近，韩文和中文的表示在导视标识中逐渐增多，其原因主要是两国的游客逐年递增。作为店铺，当然会非常欢迎外国游客的到来，但是在公共空间，要让所有人都能感觉舒服、被接受，其中也包括那些使用小语种的人们。如果因为哪个国家访客多就写上哪个国家的语言，会让人联想到如果哪个国家的访客少，就意味着不用为他们提供服务。然而，公共空间绝对不能把使用者当作顾客来对待。

⁺没有压力的平面设计

设计导向标识的表示面时，为了不给人们以压力，需要特别注意以下三点。

第一，必须以视距离（被观察对象和观察人眼球之间的距离）为标准，来设定表示物的大小。

观看东西的行为，实际上是目标影像透过眼睛水晶体投射在视网膜上，同样大小的东西距离越近看起来越大，距离越远看起来越小。视力的定义是两个可清晰分辨的点之间最短距离的夹角，图 6-6 表示的是在 5m 的距离上最小能分辨 1.5cm 的空隙，代表视力为 1.0。同样视力的人如果站在 10m 外观察，则需要将圆环孔大两倍才能分辨出空隙。

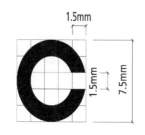

图 6-6　视力检查时使用的视力 1.0 视标

文字的分辨也是异曲同工。如果人们站在 10m 外能分辨出 4cm 大小的文字（《无障碍整备指南》中的文字大小基准），那么人们站在 20m 外观察时，则文字大小必须大于 8cm。

但社会上充满了设计随意的标识，根本不考虑这些细节。如果被观察对象放在容易看到的位置，用适合观察的大小来表示的话，观察者是不会感到有压力的。

第二，保证足够的留白。留白是指画面中没有文字和图案的部分。留白较多，也同时意味着信息量较少。

在高速道路上驾驶车辆的人们，都是瞬间看一眼标识，然后视线马上回到路面上，行驶一段时间后，再瞬间看一眼标识，再回到路面上。人们要靠这种反复地瞬间确认，来理解标识上的信息内容。为了让大家在短时间内明白这些信息内容，道路标识需要精心设计出充足的留白。

铁路车站的标识也一样。人们在确认道路标识的时候，也会采取同样的判断和行动。标识上的留白越大，信息内容越少，越容易在瞬间获得信息并做出有效判断。从经验上即可验证这一点。

图 6-7 是小田急线新宿车站南口换乘和出口导向标识。这里人流特别密集，稍有迟疑就会被人撞到。为了让人们能瞬间获得信息，这里的标识在设计时，确保了充分的留白。

图 6-7　小田急线新宿车站南口大厅

第三，尽可能使用易于理解的表现技法。这些技法可以概况为以下几点：①分类；②序列化（显示出优先程度）；③象征化（使用记号）；④简洁化；⑤单一化（去掉没用的东西）；⑥统一化等。

图 6-8 是 1998 年营团地铁三越前车站中设置的车站周边地铁（地上地下关联图）。这张图是以身体为坐标，结合体感距离进行绘制的。画面上

出现的街道、车站、出口、代表性建筑等，所有物体在绘制时，会根据场景中的秩序关系，利用线的粗细、色彩等方式，表现出序列的差异。

图 6-8　营团时代的车站周边地图

公共空间中导向标识的平面设计，务必要最大程度地使用易于理解的表现技法，来达到让所有人都能感到舒适的效果。

后　记

　　为了让车站变得更加易懂，日本从 20 世纪 70 年代开始实施各种项目，然而直到今天，许多车站仍没有任何改进，人们每天在车站依然经历着混乱的体验。特别是大城市的铁路车站，如果不对空间构成和导向标识进行彻底改建，是无法创造出宜人的空间的——本书旨在运用实例来说明此点。

　　或许有人会对书中的提案提出以下建议：JR 新宿车站站台整体用一个大天顶罩住，从站台的任何地方都能看到南口空中天桥；东急东横线涩谷车站的站台扩大宽度，让行走或等待的乘客相互都不妨碍；在地下设置如广场般宽阔的通道等。但这些做法都过于浪费了。

　　虽说车站导向标识应该变得让人易懂，但车站是我们地区的门面，是沿线居民的骄傲。如果改变多年来早已习惯了的路线名称，怎么可以呢？我们绝不可能舍弃这里的线路、这里的车站，以及这里的历史文化。

　　让我们再次回看一下我们面临的巨大的混乱。

　　日本的城市圈人口中，首都圈有 3700 万人、中京圈有 900 万人、近畿圈有 1900 万人（2010 年国家普查）。上海有 2300 万人，纽约有 2100 万人，这意味日本首都圈的人口规模在全世界堪为第一。

　　第 1 章曾提到过，首都圈、中京圈、近畿圈的铁路乘客加起来有 5600 万。这其中有超过 1000 万人，每天都在体验着车站的不便和不适，且这种状态持续了 50 多年。如此庞大的人数，忍受了这么久的劳苦，为何却没有认真地去检讨改进方案。

　　2010 年的交通普查（国家普查）的调查对象是铁路公司（含交通局）的数量和线路数量，结果显示，首都圈有 37 家公司 136 条线路、中京圈有 15 家公司 53 条线路、近畿圈有 25 家公司 109 条线路。如此众多的铁路公司和线路数量，到目前为止却一直是各个公司根据当地的情况各自命名，没有任何组织来进行相关的整体规划。

一巢蚂蚁可以颠覆巨大的金字塔，建造之初，如果没有精确的规划，是没有真正完工那天的。没有整体规划的视点，就没有相应的对策。

古罗马时代，罗马人从公元前3世纪到公元2世纪的500年间，在地中海一带的主干线上修建了8万km、支线上修建了15万km的道路网（日本现今的铁路网有2.7万km）。主干线全部铺设了石材，车行道和步行道分别设置。直至今日，这些道路还在各地被保留并使用着。

日本的铁路，从1872年在新桥—横滨之间铺设了第一条29km铁路开始，东海线、东北线、山阳线等陆续铺设，到明治时代结束的40年间，完成了从北部青森县到南部鹿儿岛的铁路铺设工作。可以说这是日本堪称铁路大国的基础。

罗马大道也好，日本铁路也罢，都不是因为国力强盛才建造的。而是站在更长远的角度，因为其必要性而做出的判断。正如自古以来常被说起的，需求是发明之母。

站在更高的视点进行判断才是最为重要的。这种观点放到今天，就是要能认真考虑公众的需求。

日本人是出名的关照人情关系，却疏远社会。"人情关系"即亲属、公司领导、下属、同事、朋友、同学、邻居等，从自己家人到认识的人都包含在内。与此相对，是那些完全不认识的人。

考虑公众的人不会只关照自己人。公众不仅意味着生活在这里的男女老少，更意味着超越人种、国籍、语言、文化、残障等差异的所有人。

为促成旅游大国的实现，日本要让大城市的公共空间更加开放，打造成为真正的国际都市。

EKI WO DESIGN SURU by Tatsuzo Akase

Copyright © Tatsuzo Akase, 2015

All rights reserved.

Original Japanese edition published by Chikumashobo Ltd.

Simplified Chinese translation copyright © 2023 by China Machine Press

This Simplified Chinese edition published by arrangement with Chikumashobo Ltd.Tokyo, through HonnoKizuna,Inc., Tokyo, and Shinwon Agency Co. Beijing Representative Office, Beijing.

北京市版权局著作权合同登记 图字：01-2019-4322.

图书在版编目（CIP）数据

车站与设计 /（日）赤濑达三著；杨莉译. — 北京：机械工业出版社， 2023.3

ISBN 978-7-111-72321-9

Ⅰ.①车…　Ⅱ.①赤…②杨…　Ⅲ.①车站–建筑设计　Ⅳ.①TU248

中国国家版本馆CIP数据核字（2023）第028470号

机械工业出版社（北京市百万庄大街22号　邮政编码　100037）

策划编辑：马军平　　　　　　责任编辑：马军平　刘春晖

责任校对：肖　琳　周伟伟　　封面设计：张　静

责任印制：单爱军

北京虎彩文化传播有限公司印刷

2023年7月第1版第1次印刷

148mm × 210mm · 6.375印张 · 187千字

标准书号：ISBN 978-7-111-72321-9

定价：69.80元

电话服务　　　　　　　　　　网络服务

客服电话：010-88361066　　机 工 官 网：www.cmpbook.com

　　　　　010-88379833　　机 工 官 博：weibo.com/cmp1952

　　　　　010-68326294　　金 书 网：www.golden–book.com

封底无防伪标均为盗版　　机工教育服务网：www.cmpedu.com